ISBN 978-3-662-27266-4   ISBN 978-3-662-28753-8 (eBook)
DOI 10.1007/978-3-662-28753-8

Sonderdruck aus
„r die gesamte experimentelle Medizin", 110. Bd., 4. u. 5. Heft.

Springer-Verlag Berlin Heidelberg GmbH

(Aus der Medizinischen Universitätsklinik Göttingen
[Direktor: Prof. Dr. *R. Schoen*].)

Experimentelle Untersuchungen über den Chlorhaushalt (Dechloruration und Rechlorurierung).
Beiträge zu Problemen der Kochsalztherapie.

Von

Karl Mellinghoff.

Mit 1 Textabbildung.

(Eingegangen am 24. Juni 1941.)

Einleitung.

Bei Krankheitszuständen verschiedenster Art ereignen sich Chlorverschiebungen in die Gewebe. Die Mechanismen, die zu dieser Verlagerung führen, sind nicht einheitlich. Die Faktoren, die dieses Stoffwechselgeschehen beherrschen, sind vorläufig nur teilweise zu übersehen. Man unterscheidet grob sinnfällig Chlorretentionen, die mit Hydrops einhergehen von Chlorverschiebungen, die sich ohne wesentliche Wasserbindung vollziehen.

Die feuchte *Chlorretention* speichert stets gleichzeitig Natrium; die Natriumanreicherung ist die unmittelbare Ursache des Ödems. Es ist eine feststehende klinische Erfahrung, daß in diesen Fällen Kochsalzzufuhr schädlich ist. Kochsalzentziehung aus der Kost, unter Umständen Kochsalzaustreibung durch besondere Maßnahmen ist hier anerkannter Behandlungsgrundsatz. Zu diesem Krankheitskreis gehören z. B. hydropische und zur Hydropsie neigende Herz- und Nierenkrankheiten.

Der Begriff der *trockenen Chlorretention* ist in der praktischen Medizin weniger gut bekannt. Gleichwohl ist die anhydropische Chlorverlagerung in die Gewebe bei zahlreichen Krankheiten ein häufiger Vorgang.

Wohl als erster wies *Bohne* im Jahre 1897 auf Grund genauerer Bilanzuntersuchungen auf das Vorkommen von Chlorretentionen ohne Ödem hin. Die französische Klinik besonders zeigte in vielfältigen Untersuchungen zu Beginn dieses Jahrhunderts, daß bei Nierenkrankheiten nicht selten trockene Chlorverschiebung in die Gewebe stattfindet. In diesem Zusammenhang prägten 1905 *Ambard* und *Beaujard* den allgemein angenommenen Ausdruck „rétention chlorurée sèche". Schon früh war aufgefallen, daß bei der Lungenentzündung die Chloride auf der Höhe der Erkrankung fast völlig aus dem Harn verschwinden (*Redtenbacher* 1850, *Beale* 1852). Die weitere Beschäftigung mit diesem Gegenstand ergab, daß bei der croupösen Pneumonie eine beträchtliche trockene Chloranreicherung der Gewebe die Regel ist. Verminderung der Chlorausscheidung mit positiver Chlorbilanz wurden in der Folge als allgemeine Fieberreaktion erkannt und als typische Abwandlung des Mineralstoffwechsels im Fieber festgestellt. Im Gegensatz zu dem Verhalten des Chlors weist das Natrium gewöhnlich eine verschlechterte Bilanz auf *(Malmberg, Birk)*. Sie kann zwar auch unbeeinflußt bleiben; eine ähnlich stark positive Bilanz wie beim Chlor wird dagegen niemals gefunden *(Klinke)*. Demnach wird also im Fieber stets mindestens ein Teil des retinierten Chlors trocken gebunden. So ist bei vielen fieberhaften Erkrankungen eine zum Teil recht beträchtliche Chlorverschiebung in die Gewebe nachgewiesen worden, z. B. bei Scharlach, Diphtherie, Meningitis, Febris recurrens, Angina, Erysipel, Polyarthritis rheumaticá, Lungentuberkulose *(Achard, Finkelstein* und *Merson, Gross, Gruener* und *Schick, v. Hösslin, Krynski* und *Schulutko, McLean, v. Monakow, v. Moraczewski, Röhmann, Salkowski, Snapper, Sundermann, Austin* und *Camack)*.

Meyer-Bisch und seine Mitarbeiter haben sichergestellt, daß bei Diabetes mellitus Chlorabwanderung in die Gewebe vorkommt. Man findet sie besonders in den mittelschweren und schweren Fällen. Die Veränderung des Chlor vollzieht sich unabhängig von der des Natriums. Ödeme treten nicht auf; die Kranken sind vielmehr oft durch eine auffällige Austrocknung gekennzeichnet. Trockene Chlorretention findet sich sodann bei Verbrennungen *(Mach)*, bei Gewebsschädigung durch Strahlenwirkung, besonders nach Röntgenbestrahlung *(Cameron* und *McMillan)* und nach operativen Eingriffen. Die Verhältnisse bei postoperativen Zuständen haben vor allem *Chabanier* und *Lobo-Onell* eingehend untersucht und dargestellt. Neben dem Chlor wird in gewissem Umfang stets auch Natrium und damit Wasser gebunden. Noch bei einigen anderen Krankheiten ist eine Neigung zur Chlorbindung in den Geweben gefunden worden, z. B. bei manchen Erkrankungen der Leber *(Paul* und *v. Vegh)* und bei allergischen Zuständen *(Loucope, Rakemann* und *Peters, Friedemann* und *Fraenkel)*. Besonders wichtig für die folgenden Untersuchungen ist der Hinweis, daß auch bei starkem Salzverlust nach außen verbunden mit allgemeiner Chlorverarmung des Organismus — also nach starken Durchfällen, gehäuftem Erbrechen, Ileus — die Gewebe das gierige Bestreben haben, Chlor selbst auf Kosten des verminderten Chlorbestandes im Blut möglichst an sich zu binden. Man kann von einer relativen Chlorverschiebung zugunsten der Gewebe sprechen. In diesem Sinne sind die Befunde von *Hastings, Murray* und *Murray, Haden* und *Orr, Straub* und *Gollwitzer-Meier* zu deuten; man fand, daß sich in solchen Fällen das Serumnatrium nur wenig vermindert, während gleichzeitig das Serumchlor bis auf niedrigste Werte absinken kann. Nach hypochlorämischen Azotämien fällt die außerordentlich große Kochsalzaufnahmefähigkeit des Körpers auf. Salzmengen, die bei weitem den möglichen Verlust überschreiten, werden in den Geweben festgehalten, ehe eine entsprechende Ausscheidung im Harn stattfindet. Auf die bemerkenswerte trockene Chlorretention im Restitutionsstadium nach Kochsalzmangelurämie konnte ich bereits 1934 hinweisen.

Für den Arzt stellt sich die Frage, wie er sich in Krankheitsfällen mit trockener Chlorstapelung im Gewebe therapeutisch verhalten soll. Soll er Rückführung der Chlorbestände zur Norm anstreben oder soll er vielmehr die Chlorgier der Gewebe befriedigen und bis zur Grenze der Aufnahmefähigkeit — d. h. bis zu dem Punkt, an dem die Chlorabgabe der Chloraufnahme entspricht — fördern. Mit anderen Worten: soll also möglichst kochsalzarme Kost verordnet werden und sind unmittelbar chlorentziehende Maßnahmen angebracht oder soll im Gegenteil Kochsalzzufuhr erfolgen. Früher wurde grundsätzlich in allen Fällen von anhydropischer Chlorrentention eine chlorarme Diät gefordert *(Lewa* 1913). Für die weitere Entwicklung der Frage wurde dann von besonderer Wichtigkeit die Feststellung, daß bei zahlreichen Zuständen, die zu Chlorverlagerung in die Gewebe führen, Hypochlorämie bestehen kann.

Diese Tatsache zwang zu der Überlegung, inwieweit trotz der Chlor-anreicherung im Organismus nicht doch weitere Kochsalzzufuhren er-forderlich sind. Es ergab sich, daß trotz starker Erhöhung des Gesamt-chlorbestandes im Körper bei manchen Krankheitsgruppen entschiedene Kochsalzgaben von außerordentlich günstiger Wirkung sein können.

Das zeigte sich besonders bei Fällen von *Zuckerharnruhr* (*Christensen* und *Holst, Poczka* und *Steigerwaldt, Engel, Joslin* u. a.), bei Verbrennungen (*Davidsohn, Bigger*) und bei postoperativen Zuständen (*Chabanier* und *Logo-Onell, Mach* und *Sciclounoff, Robineau* u. a.). Erwiesen ist die Nützlichkeit von Kochsalzgaben auch in *bestimmten Stadien mancher Nierenkranker* trotz chlorangereicherter Gewebe. Bei der Sublimat-niere z. B. wurde die Kochsalzbehandlung das Verfahren der Wahl (*Straub, Volhard, v. Koranyi*). Für viele Krankheitszustände, die mit Chlorverschiebung in dem Gewebe einhergehen, vermag indessen die Klinik bisher keine klaren Richt-linien zu geben. Zum Teil wird zu dem Problem überhaupt nicht Stellung genommen, zum Teil widersprechen sich die Angaben. Das gilt unter anderem für das Kapitel der *fieberhaften Erkrankungen; v. Noorden* z. B. setzt sich lebhaft für salzarme Diätformen ein, weil bei fieberhaften akuten Krankheiten meistens entzündliche Vorgänge eine Rolle spielen, die durch die entzündungswidrigen Eigenschaften der salzarmen Kost günstig beeinflußt würden. Demgegenüber wurde aber auch mehr-fach reichlich Kochsalzzufuhr bei akuten Fieberkrankheiten empfohlen. So rät z. B. *McLean* zur Kochsalzbehandlung bei der Diphtherie, *Merklen* und *Gounelle* fordern Kochsalz bei Meningitis und verschiedentlich wurde auf günstige Wirkungen planmäßiger Kochsalzgaben bei Pneumonie hingewiesen (*Penrose, Haden, Sunder-mann, Scholz, Dias* und *de Sonza*). In der französischen Klinik des 19. Jahrhunderts wurde Kochsalz bei fieberhaften Erkrankungen offenbar häufiger verordnet (*Branche*); besonders in der Behandlung der Lungentuberkulose spielte das Koch-salz eine große Rolle. Tuberkulöse wurden angewiesen, ihre Speise stark zu salzen und bekamen vielfach außerdem noch Kochsalzzulagen (Literatur s. bei *Glatzel*). Im Gegensatz dazu wurde bei der Diätbehandlung Tuberkulöser nach *Sauerbruch, Hermannsdorfer, Gerson* gerade auf die betonte Kochsalzfreiheit der Kost der größte Wert gelegt.

Wenn man die Erfahrungen über den Wert oder Unwert von Koch-salzzuführung bei Krankheiten mit trockener Chlorbildung überschaut, so scheiden sich die Fälle ganz allgemein in folgende beiden Gruppen: 1. Keines der beiden Verfahren bringt einen eindeutig erkennbaren Nutzen oder Schaden. Die Klinik läßt daher in ihrem Heilplan in jenen Fällen die Kochsalzfrage unberücksichtigt. 2. Es gibt eine Anzahl von Krankheitszuständen mit trockener Chlorretention, bei denen Kochsalz-zufuhren klar erwiesen die nützlichsten Wirkungen hervorbringen, während die Kochsalzentziehung aus der Kost zweifelsfrei die bedenk-lichsten Nachteile hat.

Besonders hervorzuheben ist, daß Fälle mit trockener Chlorretention, bei denen Kochsalzentziehung einen allgemein anerkannten, wirklich grundsätzlich wirksamen Nutzen stifteten, unbekannt sind. Anderer-seits sind nie schädliche Wirkungen durch vernünftig dosierte Kochsalz-gaben in Zusammenhang mit anhydropischer Chlorretention beobachtet worden. In jedem Einzelfalle sind bei diesen Überlegungen selbst-verständlich komplizierende Zustände, z. B. begleitende Herz- und

Nierenkrankheiten, die nach den feststehenden Regeln der Medizin Berücksichtigung der Kochsalzzufuhr verlangen, zu bedenken.

Man kann nicht sagen, daß mit diesen Feststellungen die Frage der Kochsalzzufuhr bei Zuständen mit trockener Chlorretention befriedigend geklärt ist. Wenn betont wurde, daß bei einem Teil der Fälle nicht erkennbar ist, ob Kochsalzentziehung oder Kochsalzzulagen vorteilhafter sind, so ist damit durchaus nicht sichergestellt, daß die Kochsalzfrage tatsächlich belanglos ist. Es ist keineswegs entschieden, ob nicht vielleicht doch jenseits der Grenzen des gegenwärtig Erfaßbaren eine Beeinflussung des Gesamtgeschehens in positivem oder negativem Sinne im Zusammenhang mit der Kochsalzzufuhr von Bedeutung ist. Aber auch in jenen Fällen, für die die Kochsalzbehandlung als zweckmäßig und notwendig erkannt ist, liegen noch viele Fragen offen. Man möchte die richtigste Methode der Kochsalzbehandlung unter den genannten Umständen anwenden, den besten Weg bei ihrer Durchführung kennen. Denn nachdem die große Wirksamkeit der Kochsalzgabe bei den in Betracht kommenden, zum Teil schweren und schwersten Krankheitsbildern erwiesen ist, kann es nicht gleichgültig sein, in welcher Weise die Kochsalzbehandlung geführt wird. Sie muß vielmehr in entscheidender Weise Einfluß haben auf die Wiederherstellung der bei diesen Zuständen oft ganz erheblich gestörten Gewebes- und Stoffwechselfunktionen. Es handelt sich vorwiegend um ein quantitatives und um ein zeitliches Problem. Wieviel Kochsalz soll insgesamt gegeben werden und in welcher Verteilung? Wie groß sollen die Kochsalzzulagen sein, wie lange und in welchem zeitlichen Abstand sind sie zu geben? Die Angaben im Schrifttum zu diesen Fragen erstrecken sich vielfach nur auf allgemeine Anleitungen und gehen überdies nicht selten sehr erheblich auseinander.

Diese Tatsache ist nicht verwunderlich, denn die Verhältnisse des Chlorstoffwechsels, in ihrer Beziehung zur Kochsalzbehandlung sind bei diesen Krankheitsbildern im Stadium der Kochsalzzuführung bisher nicht eingehend und nie planmäßig untersucht worden. So fehlen vorläufig die allgemeinen pathophysiologischen Grundlagen, ohne die wirklich begründeten Richtlinien für unser therapeutisches Handeln nicht gegeben werden können. Einer exakten Erforschung dieser Vorgänge in der Klinik stellen sich in mancherlei Beziehung außerordentliche Schwierigkeiten entgegen. Denn zur genauen Charakterisierung des Geschehens im Chlorstoffwechsel ist vor allem eine bilanzmäßige Erfassung nötig. Daneben ist eine möglichst eingehende Beobachtung der sich damit gleichzeitig im Organismus vollziehenden Chlorverschiebungen erforderlich. Die Bedingungen zur Erfassung dieser Daten sind am Krankenbett in der Mehrzahl der Fälle nicht gegeben. Eine Bilanzuntersuchung ist allermeist deswegen nicht durchführbar, weil die Kranken bereits mit verändertem Stoffwechsel, erst mitten im Krankheitsgeschehen in die Hand des Arztes kommen. Die Einstellung einer befriedigenden Vorperiode, von der jede einwanfreie Erforschung der Chlorbilanz ausgehen muß, ist damit im gegebenen Krankheitsfalle also unmöglich. Dazu kommt, daß die Gewinnung des notwendigen Untersuchungsmaterials auf Schwierigkeiten stößt. So lassen sich insbesondere Gewebsuntersuchungen nur in beschränktestem Umfang ermöglichen. Zur Beurteilung der Vorgänge bei der Chlorverschiebung kann man aber auf diese Untersuchungen nicht verzichten. Um klar übersehbare Verhältnisse zu schaffen und um alle notwendigen Daten erhalten zu können, ist vielmehr erforderlich, das Tierexperiment heranzuziehen. Es erlaubt glücklicherweise einen Teil der Zustände, denen wir in der Klinik begegnen, recht befriedigend zu reproduzieren. Ich glaube, daß es auf diesem Wege möglich ist, zur grundsätzlichen Klärung der hier diskutierten speziellen Fragen beizutragen. Darüber hinaus ist zu erwarten, daß durch experimentelle Untersuchungen der genannten Art unsere Kenntnisse auf manchen Gebieten des Chlorstoffwechsels zu erweitern sind, daß insbesondere unser Wissen über den komplizierten Vorgang der trockenen Chlorretention eine Bereicherung erfahren kann. In diesem Sinne habe ich mir einen größeren Aufgabenkreis abgesteckt, aus dem heraus ich in der vorliegenden Arbeit eine Teilfrage bearbeitet habe.

Versuchsplan.

Ich habe zur Untersuchung des Chlorstoffwechsels und seiner Zusammenhänge mit der therapeutischen Kochsalzzufuhr das Studium der Vorgänge bei der experimentellen Dechloruration herangezogen. Dieser Sonderfall schien mir für meine Aufgabe in mehrfacher Hinsicht besonders aufschlußreich zu sein. Bei den zu erwartenden außerordentlichen Stoffwechselschwankungen mußten die groben Ausschläge der zu ermittelnden Werte in ausgesprochenem Maße dazu beitragen, das tatsächliche Geschehen zu verdeutlichen. Da es sich um einen primären Salzmangelschaden handelt, besteht in besonders klarer Weise die Möglichkeit, den Wiederherstellungsvorgang unabhängig von anderen pathogenetisch wirksamen exogenen Faktoren durch das Maß und die Art der Kochsalzgabe zu leiten und die Verhaltungsweise des Chlorstoffwechsels dabei zu beurteilen.

Die Versuche wurden bei *Hunden* durchgeführt. Die Dechloruration wurde erzwungen durch planmäßigen Magensaftentzug nach Histamingaben, anfangs unterstützt durch Salyrgandiurese. Die Chlorentziehung wurde bis an die äußerste Grenze der Lebensmöglichkeit der Versuchstiere fortgesetzt. Im Zustand des ausgesprochenen azotämischen Komas zur Zeit der tiefsten Hypochlorämie wurde mit der Kochsalzzufuhr begonnen. Die Kochsalzzulagen wurden in den einzelnen Fällen nach Menge und zeitlicher Zuordnung jeweils verschieden zugeteilt. Während der ganzen Versuchsperiode wurde für gleichmäßige und calorisch ausreichende Nahrungsaufnahme gesorgt. Von Anfang an wurde die

Chlorbilanz genauestens festgelegt. Der Chlorgehalt im Plasma, im Vollblut, in den Erythrocyten, in der Haut und im Kammerwasser des Auges wurde in wechselnden Abständen bestimmt, bei den Tieren, die zugrunde gingen außerdem in zahlreichen Organen. Gelegentlich wurden Liquoruntersuchungen durchgeführt. Der Hämatokritwert und der Wassergehalt der Gewebe wurde errechnet.

Versuchsanordnung und Methodik.

Die Versuche wurden an 7—14 kg schweren Hunden durchgeführt. Die Tiere hielten sich in Stoffwechselkäfigen auf, die nach sorgfältiger Reinigung mit destilliertem Wasser praktisch chlorfrei gespült waren. Im 24-Stundenintervall wurden die Harnportionen abgetrennt. Die Diurese konnte nicht exakt gemessen werden, weil dem Harn öfters Spülwasser beigemengt war und weil die Hunde häufig aus dem Trinkgefäß Wasser in den Käfig brachten, so daß sich sein Inhalt dem Harn beimischte. Die Hunde wurden regelmäßig, meistens täglich gewogen.

Zur Ermöglichung der Chlorbilanz wurde während der ganzen Versuchszeit eine gleichmäßig zusammengesetzte und stets gleichartig hergestellte quantitativ und qualitativ möglichst ausreichende Standardkost der Ernährung zugrunde gelegt. Dem verschiedenen Bedarf und der wechselnden Aufnahmefähigkeit der Tiere entsprechend wurden im Einzelfall verschieden große Portionen dieser Kost zugeteilt. Der leichteren Berechnung wegen wurde eine Normalportion folgender Zusammenstellung hergestellt: 40 g ungeschälter Reis, 30 Dextropur, 17 g Olivenöl, 60 g mageres chlorverarmtes Pferdefleisch. Zur reichlichen Vitaminausstattung der Kost wurden täglich 1 Tablette Cebion (Merck) und 5 Tropfen Vogan (Merck und Bayer) zugesetzt. Der Vitamin C-Zusatz beträgt demnach 50 mg l-Askorbinsäure. Der Vitamin A-Beigabe entsprechen etwa 24000 internationale E. Vogan enthält auch kleine Mengen des Vitamin D. B-Vitamin wird mit der Reisschale in reichlicher Menge zugeführt.

Die Auswahl der Nahrung war durch die Notwendigkeit möglichst weitgehender Kochsalzarmut bestimmt. Nur so wird der Chlorentzug schnell und ausgiebig wirksam. Das Pferdefleisch — stets wurde ein gleiches Bruststück verarbeitet — wurde seines verhältnismäßig hohen Chlorgehaltes wegen künstlich chlorverarmt. Das Fleisch wird zu diesem Zwecke in grobe Stücke geschnitten, 2 Stunden lang in reichlich Wasser gekocht. Dann wird das Kochwasser abgegossen und das Fleisch durch den Wolf getrieben. Diese Masse wird nun in reichlich kaltes Wasser eingetragen; man läßt 12 Stunden stehen. Dann wird das Wasser abgegossen und die Fleischverarbeitung kräftig ausgepreßt.

Diese Stammkost enthält etwa 59 g Kohlehydrat, 19 g Fett, 15 g Eiweiß und 2,4 g N. Der Nährwert entspricht rund 470 Cal. Die Werte sind errechnet nach den Tabellen von *Schall*. Der Chlorgehalt und der Stickstoffgehalt einer Normalportion wurde mehrfach an verschiedenen Tagen und in verschiedenen Versuchsperioden analytisch bestimmt. Für den Chlorgehalt der Kost ergab sich ein Mittelwert von 75 mg Cl (Veraschung nach *Tschopp*). 6 ermittelte Werte lagen zwischen 71 und 80 mg. Die Stickstoffwerte wurden zwischen 2,53 und 2,76 g gefunden (Bestimmung makromethodisch nach *Kjeldahl*; beim Aufschluß nach *Attenberg* Hg-Zusatz). 4 Stichproben führten zu einem Mittelwert von 2,65 g N.

Die Kost wurde gut vermengt am Abend in den Käfig der Versuchstiere gestellt. Waren Zulagen oder Abzüge nötig, so wurde von einer gleichmäßig durchgearbeiteten Normalportion ein aliquoter Teil abgetrennt und bei der Bilanz entsprechend in Rechnung gestellt. Meist fraßen die Hunde die Nahrung spontan ohne Zeichen von Widerwillen. Bei fortgeschrittener Dechloruration stellten sich in allen Fällen eine Freßunlust ein, so daß vorübergehend künstliche Ernährung nötig wurde. Nur in einem Falle nahm ein Hund schon nach wenigen Tagen sein Fressen nicht mehr spontan an. Gelegentlich wurde dann mit dem Löffel gefüttert. In den meisten Fällen erwies sich die Eingießung durch die Sonde als zweckmäßiger. In diesen Fällen mußte die Nahrung zuvor durch eine Schabemaschine getrieben werden. Die erhaltene Masse wurde dann mit destilliertem Wasser auf ein Volumen von 600 ccm gebracht und zu einem gleichmäßig, weitgehend homogenen Brei verrührt Diese Zubereitung wurde durch den dicken Magenschlauch in meistens einer Sitzung in den Magen gegeben. Die Einfüllung vollzog sich gewöhnlich glatt. Gelegentlich erbrachen die Hunde nach der Füllung einen Anteil, der in vorgesehene Maßgefäße aufgefangen und in Abzug gebracht wurde. Zuweilen wurde in einer zweiten Sitzung nach längerem Intervall der erbrochene Nahrungsrest noch nachgegeben.

Die Einführung der Sonde in den Magen gelingt mit der dicken Flachsonde aus Gummi meist ohne Schwierigkeit. Der Schlauch wird durch das Loch eines durchbohrten Holzkeils, der die Zähne des Versuchshundes sperrt, hindurchgeführt. Weicht die Sonde in die Trachea ab, so wird man durch das laute, stridoröse Atmen sogleich aufmerksam. Gleichwohl ist die Sondenfütterung nicht gefahrlos, denn bei liegendem Schlauch verschluckt sich der Hund, wenn Speisebrei hochkommt, leichter und die Gefahr der Schluckpneumonie droht. Es ist deswegen zweckmäßig, bei tatsächlich eintretendem Erbrechen — Würgreiz gehört zur Regel und vergeht meist schnell — die Sonde sehr rasch zu entfernen.

Das Trinkgefäß stand ständig gefüllt neben dem Eßnapf im Käfig. Die Trinkmenge war während der ganzen Versuchsperiode beliebig. Im Endstadium der Dechloruration, wenn die Hunde nichts mehr zu sich nahmen, wurden neben den Nahrungsbrei noch in zusätzlichen Sitzungen 2—300 ccm Wasser durch die Sonde eingegeben.

Die Methodik der Chlorentziehung lehnte sich eng an das Verfahren von *Class* an. Nach mehreren Tagen kochsalzverarmter Standardernährung setzte planmäßiger Magensaftentzug ein. Abgesehen von wenigen Ausnahmen wurde täglich 3mal Magensaft entnommen. Die Entnahme geschah mittels der Sonde oder indem die Tiere durch subcutane Apomorphineinspritzung zum Erbrechen gebracht wurden. Vor der Magensaftentziehung wurde als kräftigstes Lockmittel zur Magensaftbildung Histamin unter die Haut eingespritzt. Die Tiere erhielten stets $^3/_4$ bis 1 mg Imido-Roche. 20—30 Min. nach der Histaminspritze wurde entweder die Sonde angewandt oder Apomorphin gegeben. Bei Anwendung der Sonde wurde nach absuchendem Saugen und Entnahme des vorgefundenen Mageninhaltes mit etwa 5—700 ccm destilliertem Wasser der Magen 8—10mal gespült. Das Apomorphin muß in Substanz vorrätig gehalten werden, weil es in Lösung schon nach wenigen Stunden fast ganz unwirksam wird. Die Lösung nimmt trotz Zusatz konservierender Mittel rasch einen grünlichen Farbton an, der den Wirkungsnachlaß leicht kenntlich macht. Unmittelbar vor jeder Injektion wurde das Apomorphinpulver analytisch abgewogen und dann in 1—2 ccm Wasser gelöst. Danach wurde sofort die subcutane Injektion durchgeführt. Anfangs genügen zu voller Wirkung $^1/_2$—$^3/_4$ mg Apomorphini hydrochlorici. Meist brauchten wir 1—$1^1/_2$ mg, selten mehr. Über 2 mg haben wir in keinem Falle angewandt. Die emetische Wirkung tritt nach 5—10 Min. mit deutlicher Nausea und keuchendem Würgen ein. Dann wird meist ausgiebig gebrochen. Der Brechparoxysmus wiederholt sich 1-, meist 2mal. Hin und wieder blieb ohne ersichtlichen Grund die Brechwirkung aus und es kam nur zu unergiebigen Reizerscheinungen. In den letzten Tagen der Chlorverarmung hatten wir mit der Apomorphinmethode meist keinen Erfolg mehr, Nausea und Würgreiz traten ein, zum Brechen aber kam es gewöhnlich nicht mehr. Es liegt nahe anzunehmen, daß die Hunde zu diesem Zeitpunkt zum Brechen zu schwach waren. Gewöhnung ist nach den vorliegenden pharmakologischen Erfahrungen nach verhältnismäßig kurzen Anwendungen nicht mit Wahrscheinlichkeit anzunehmen. Toxische Schäden durch das Apomorphin waren

in keinem Falle erkennbar. Die Apomorphinanwendung ist zweifellos bequemer als
Aushebeerung und Spülung mit der Sonde; dabei ist der Magensaftentzug nicht
wesentlich unergiebiger. Das Apomorphinbrechen wurde deswegen im allgemeinen
bevorzugt, die Sonde wurde schließlich nur bei versagender Apomorphinwirkung
und im Endstadium der Dechlorurationsperiode angewandt.

Zur Beschleunigung der Chlorentziehung wurde im Anfangsstadium der Dechlorurationsperiode Salyrgan gegeben. Die Tiere erhielten 1—2mal je 1—2 ccm
des Diuretikums intravenös.

Im Rechlorurationsstadium wurden zu der unveränderten Standardkost genau
eingewogene Kochsalzmengen zugelegt. Anfangs wurden sie, wenigstens teilweise,
in physiologischer Lösung langsam unter die Haut gegeben. Die Kochsalzzulagen
per os wurden in Wasser gelöst zum Teil durch die Sonde in den Magen gespült,
zum Teil mit der Nahrung verfüttert. Dabei wurde die quantitative Aufnahme
stets sorgfältig sichergestellt.

In Harn und Magensaft wurden die Chloride nach *Volhard* titriert. In An-
lehnung an das Verfahren von *v. Koranyi-Ruszniak* wurden die Proben vor der
Rhodantitration mit Kaliumpermanganat im Überschuß 5 Min. bei kleiner Flamme
gekocht und noch heiß mit Dextrosa entfärbt. So gelang auch bei stark konzen-
trierten, dunkelbraunen und sehr chlorarmen Harnen die scharfe Ablesung des
Umschlagpunktes ins persistente matt okerbraune.

Gesamtstickstoff im Harn: Mikrokjeldahl.

Das zu den Untersuchungen benötigte Blut wurde aus meist ungestauten,
gelegentlich zur Einführung der Punktionsnadel leicht angestauten Unterschenkel-
venen entnommen. Es wurde in kleine Wägegläschen gebracht, in denen sich
einige Körnchen trockenen Kaliumoxalats (etwa 5 mg auf 2—3 ccm Blut) befanden,
gut verteilt und so ungerinnbar gemacht. Dann wurde das Blut unverzüglich zur
Verarbeitung gebracht. Zur Gewinnung des Plasmas wurde ein Teil in U-Röhrchen
gebracht und scharf zentrifugiert.

Chlorbestimmung in Vollblut und Plasma in üblicher Weise nach *v. Koranyi-
Ruszniak.*

Volumbestimmung der Erythrocyten mittels Hämatokritröhrchen: Es wurden
45 Min. bei etwa 3000 Umdrehungen in graduierten, 3 mm weiten Röhrchen zentrifugiert. Die Methode arbeitet zuverlässig und gibt einwandfreie Resultate *(Heil-
meyer, Wintrobe).*

Der Chlorgehalt der Erythrocyten wurde auf indirektem Wege durch Berechnung
ermittelt. Er ergibt sich aus dem Chlorvolum für Plasma und Gesamtblut in Beziehung zu dem Hämatokritwert.

Reststickstoffbestimmung im Plasma: Mikroverfahren nach *Bang.*

Das Kammerwasser wurde durch Punktion der Vorderkammer des Auges gewonnen. Es wurde in typischer Weise vorgegangen. Die jeweils entnommene
Flüssigkeitsmenge wurde möglichst gering bemessen; sie lag bei 0,3—0,5 ccm. Die
punktierten Augen wechselten einander ab. Irgendwelche Komplikationen, insbesondere Infektionen, wurden in keinem Fall beobachtet.

Chlorbestimmungen in Kammerwasser und Liquor nach *v. Koranyi-Ruszniak.*

Zur Analyse der Haut wurde das erforderliche Untersuchungsmaterial mittels
einer *Kromayr*schen Stanze gewonnen *(Urbach).* Der Durchmesser der Rundstanze
betrug 1 cm, die Höhe 5 mm. Ihr Rand wurde laufend nachgeschliffen. Die Stanze
wird an das Verbindungsstück einer zahnärztlichen Welle gepaßt und mit Hilfe
einer Tretmaschine in rotierende Bewegung gesetzt. Auf diese Weise gelingt es
leicht etwa gleich große Hautplatten auszuschneiden, die mit der Pinzette angehoben
mühelos von ihrer Unterlage scharf abzutrennen sind. Die Blutung ist bei richtiger
Technik meist überaus gering. Der Schmerz ist unbedeutend, eine Anästhesie
erübrigt sich. Bei jedem Tier wurden in verschiedenen Versuchsstadien mehrfach
wiederholte Hautentnahmen vorgenommen. Sie erfolgten stets aus der gleichen

Hautregion. Alle untersuchten Hautstücke stammen aus einem Bezirk des Rückens seitlich der Wirbelsäule und schwanzwärts vom letzten Rippenabgang. Die Hautstückchen wurden sorgfältig von anhaftenden Fett und Bindegewebe befreit, so daß möglichst einwandfreie Cutis zur Untersuchung kam. Meist wurden zwei Ausstanzungen zu einer Analyse vereinigt. Das Frischgewicht einer Analysenprobe lag gewöhnlich zwischen 0,3 und 0,5 g.

Zugrundegegangene Tiere wurden sogleich seziert. Von den zu untersuchenden Organen wurden geeignete Stücke abgetrennt. Zur Analyse kamen im allgemeinen 1—2 g, vom Gehirn bis zu 12 g Frischgewebe.

Die Gewebsteile wurden sofort in ein Wägegläschen überführt und unverzüglich gewogen. Zur Bestimmung der Trockensubstanz wurden die Proben bei 100—110⁰ für 48 Stunden bzw. bis zur Gewichtskonstanz in den Wärmeschrank gestellt. ·

Zur Chlorbestimmung im Stuhl wurden die periodisch gesammelten Faeces auf dem Sandbad schonend getrocknet und pulverisiert. Die Versuchskost wurde in gleicher Weise vorbereitet. Die Veraschungen wurden mit je 5 g des fein zermörserten Materials durchgeführt.

Die Chlorbestimmungen in den Trockensubstanzen wurden nach dem Verfahren und mit dem Apparat von *Tschopp* durchgeführt. Es handelt sich dabei um eine Veraschung auf feuchtem Wege und in einem geschlossenen System. Dabei müssen angepaßte, genau pipettierte Silbernitratmengen von einer Lösung, deren Normalität dem jeweils erwarteten Chlorgehalt des Analysengutes entspricht, vorgelegt werden. Nach der Veraschung wird der Inhalt des Veraschungskolbens quantitativ in ein *Erbenmayer*-Kölbchen überführt und nach *Volhard* mit n/100 Rhodanammon titriert.

Versuchsprotokolle.

Versuchsverlauf: Hund 2.

Am 27. 2. 39 wird der Hund, der zuvor gewöhnliche Kost von Küchenabfällen erhalten hatte, in den Versuch genommen. Umstellung auf Standarderährung. Der Hund frißt nicht ausreichend spontan. Sondenernährung wird nötig. Am 2. 3. Salyrgantag. Am 3. 3. setzt der Magensaftentzug ein. Bis zum 9. 3. befindet sich das Versuchstier wohl. Dann macht sich Schwäche bemerkbar. Am 11. 3. liegt der Hund meist bewegungsarm in gleicher Lage im Stoffwechselkäfig. Wenn er sich aufstellt, lehnt er sich alsbald an die Käfigwand. Es werden eigentümlich wackelnde Bewegungen mit dem Kopf beobachtet. Am 12. 3. sondert sich aus den Lidspalten Eiter ab. Tetanische Zeichen werden deutlich: ruckartige Kopfbewegungen, Muskelzittern, motorische Übererregbarkeit. Schlechter Allgemeinzustand, Hinfälligkeit. Am 14. 3. fällt Hustenreiz auf. Der Hund ist ständig schläfrig, taumelig. 16. 3. somnolent, soporös. Die Lidspalten sind eitrig verklebt. Stellt man das Tier auf, so sinkt es wieder in sich zusammen. In der Gegend der Schenkelbeugen und am Unterbauch werden flache, torpide Eiterpusteln von Hanfkorngröße mit rotem, entzündlichem Hof bemerkt. Kein Husten. Am späten Nachmittag Beginn der Kochsalzbehandlung. Nach wenigen Stunden Besserung. Der Hund wird lebhafter, zeigt aber starke Unruhe. Gelegentlich leise bellender Husten. In der Nacht stellt der Hund sich auf und kann, wenn auch taumelig, einige Schritte gehen. Er knickt dabei auf der Hinterhand ein. Am 17. 3. ist das Tier klar, aber unruhig und sehr schlapp. Der Hund kann jetzt recht gut laufen. Am 18. 3. ist der Zustand schlechter, die Atmung wird oberflächlich, mühsam. Zuweilen Husten, geringes Nasenbluten. Nach einer Augenvorderkammerpunktion bei Pantokainanästhesie unvermittelt und unter schnappenden Atembewegungen Exitus letalis. Bei der Sektion findet sich im linken Unterlappen eine Abscedierung von Walnußgröße, dabei fibrinös-exsudative Pleuritis mit geringfügiger Exsudatbildung. Es handelt sich zweifellos um eine Schluckpneumonie im Zusammenhang mit der Sondierung.

Tabelle 1. Versuchsdaten

Versuchstag	Datum 1939	Gewicht kg	Nahrungsaufnahme Cal.	Nahrungsaufnahme mg Cl	Kochsalzzulagen g Cl	Chlorverlust durch Magensaftentzug mg Cl	Chlorabgabe im Harn mg Cl
1.	28. 2.	7,7	470	75	—		364
2.	1. 3.	7,5	470	75	—		99
3.	2. 3.	7,2	470	75	—		785
4.	3. 3.	7,2	470	75	—	509	296
5.	4. 3.	7,0	470	75	—		77
6.	5. 3.	7,0	470	75	—	358	57
7.	6. 3.	6,8	470	75	—	168	96
8.	7. 3.	6,4	470	75	—	236	45
9.	8. 3.	6,5	470	75	—	404	37
10.	9. 3.	6,7	470	75	—	337	112
11.	10. 3.	6,6	235	38	—	277	42
12.	11. 3.	6,5	390	63	—	400	47
13.	12. 3.	6,5	470	75	—	124	30
14.	13. 3.	6,5	160	25	—	—	22
15.	14. 3.	6,2	390	63	—	57	42
16.	15. 3.	6,2	390	63	—	244	31
17.	16. 3.	6,1	118	19	17 Uhr: 1,52 subcutan 20 Uhr: 1,21 subcutan + 1,21 per os		48
18.	17. 3.	6,4	118	19	12 Uhr: 1,52 subcutan + 1,21 per os		50
19.	18. 3.	6,6	—	—	—	—	

Chlorbilanz: Hund 2.

Dechloruration: 27. 2.—15. 3. 39.

Ausfuhr aus dem Magen	3,094 g Cl
Ausfuhr im Harn	2,182 g Cl
Ausfuhr im Kot	0,091 g Cl
Gesamtausfuhr	5,367 g Cl
Einfuhr mit der Nahrung	0,927 g Cl
Chlorentzug	4,440 g Cl

Rechloruration: 16.—18. 3. 39.

Subcutane Einfuhr	4,250 g Cl
Kochsalzzulage per os	2,420 g Cl
Einfuhr mit der Nahrung	0,038 g Cl
Gesamteinfuhr	6,708 g Cl
Ausfuhr im Harn	0,098 g Cl
Ausfuhr im Kot	0,010 g Cl
Gesamtausfuhr	0,108 g Cl
Chloransatz	6,600 g Cl
Chlorentzug	4,440 g Cl
Chloransatz	6,600 g Cl
Chlorspeicherung	2,160 g Cl

von Hund 2.

Plasma Rest-N mg-%	Plasma mg-% Cl	Gesamt-blut mg-% Cl	Erythro-cyten mg-% Cl	Erythro-cyten Vol.-%	Kammer-wasser mg-% Cl	Bemerkungen
32	396	316	215	44,2	441	mgs. 1 ccm Salyrgan i.m.
30	309	206				
150	185	131	71	47,2		
225	141				185	
58	248	170	68	43,3		
31	291	224	130	41,6	295	Exitus letalis gegen Mittag

Tabelle 2. Chlor- und Wassergehalt der Gewebe von Hund 2.

Datum 1939	Gewebe	Frisch-gewebe mg-% Cl	Trocken-substanz mg-% Cl	Wasser-gehalt %	Trocken-substanz %
3. 3. Versuchsbeginn	Haut	224	520	56,9	43,1
16. 3. Beginn der Salzbehandlung	Haut	135	298	50,3	49,7
18. 3. mgs. 3. Tag der Salzbehandlung	Haut	285	645	55,8	44,2
18. 3. †	Muskel	136	571	76,2	23,8
18. 3. †	Niere	278	1383	79,9	20,1
18. 3. †	Lunge	218	1178	81,5	18,5
18. 3. †	Milz	167	749	77,7	22,3
18. 3. †	Gehirn	198	1100	82,0	18,0

Versuchsverlauf: Hund 3.

Voreinstellung auf Standardkost mit 2 g Kochsalzzulage. Nach 4 Tagen gut eingestellt. Am 6. 3. 39 beginnt der Versuch. Am 7. 3. Salyrgantag, am 8. 3. Magensaftentziehung. Die Ernährung des Hundes gestaltet sich schwierig; der Hund frißt unter Bedarf. Die Sondenfütterung ist nur in verhältnismäßig kleinen Mengen möglich, weil das Tier sonst bricht. Die Calorienzufuhr in 24 Stunden pro Kilogramm auf den Gesamtdurchschnitt der Versuchsperiode berechnet 24,3 Cal. Am 12. 3. wird Kräftenachlaß und leichte Schläfrigkeit bemerkbar. Die Apathie tritt

Tabelle 3. Versuchsdaten

Ver-suchs-tag	Datum 1939	Gewicht kg	Nahrungs-aufnahme Cal.	Nahrungs-aufnahme mg Cl	Kochsalzzulagen g Cl	Chlorver-lust durch Magensaft-entzug mg Cl	Chlor-abgabe im Harn mg Cl
1.	6. 3.	11,1	235	38	—		89
2.	7. 3.		235	38	—		687
3.	8. 3.	10,3	470	75	—	596	491
4.	9. 3.	10,2	235	38	—	834	74
5.	10. 3.	10,1	313	50	—	216	73
6.	11. 3.	10,0	313	50	—	276	168
7.	12. 3.	9,7	470	75	—	327	64
8.	13. 3.	9,7	118	19	—	—	49
9.	14. 3.	9,4	157	25	—	54	11
10.	15. 3.	9,3	225	38	—	147	47
11.	16. 3.	9,3	157	25	—	273	48
12.	17. 3.	9,0	235	38	—	420	27
13.	18. 3.	8,6	235	38	17 Uhr: 1,52 subcutan 20 Uhr: 1,21 subcutan + 1,21 per os		15
14.	19. 3.	9,0	—	—	12 Uhr: 1,52 subcutan		62
15.	20. 3.	9,0					

Chlorbilanz: Hund 3.

Dechloruration: 6.—17. 3. 39.

Ausfuhr aus dem Magen . . . . 3,143 g Cl
Ausfuhr im Harn . . . . 1,739 g Cl
Ausfuhr im Kot . . . . 0,049 g Cl

Gesamtausfuhr . . . . 4,931 g Cl
Einfuhr mit der Nahrung . . . . 0,471 g Cl

Chlorentzug . . . . 4,460 g Cl

Rechloruration: 18.—20. 3. 39.

Subcutane Einfuhr . . . . 4,250 g Cl
Kochsalzzulage per os . . . . 1,210 g Cl
Einfuhr mit der Nahrung . . . . 0,038 g Cl

Gesamteinfuhr . . . . 5,498 g Cl
Ausfuhr im Harn . . . . 0,078 g Cl
Ausfuhr im Kot . . . . —

Gesamtausfuhr . . . . 0,078 g Cl
Chloransatz . . . . 5,420 g Cl

Chlorentzug . . . . 4,460 g Cl
Chloransatz . . . . 5,420 g Cl
Chlorspeicherung . . . . . . 0,960 g Cl

langsam mehr und mehr in den Vordergrund. Am 15. 3. ist der Hund taumelig. Lidspalten leicht eitrig. Am 16. 3. ausgeprägter Krampfzustand, gesteigerte motorische Erregbarkeit, motorische Unruhe. Stärkere Lidspalteneiterung. Am 17. 3. zunehmend somnolent. Leichte Krampfzustände treten gelegentlich auf. Zwei gering blutig-breiige Durchfälle werden abgesetzt. Schlaffe Eiterpusteln von Stecknadelkopf- bis Linsengröße in der Gegend der Schenkelbeuge und um das

von Hund 3.

Plasma Rest-N mg-%	Plasma mg-% Cl	Gesamt-blut mg-% Cl	Erythro-cyten mg-% Cl	Erythro-cyten Vol.-%	Kammer-wasser mg-% Cl	Bemerkungen
35	415	312	168	41,6	418	mgs. 1,5 ccm Salyrgan i.v.
95	199	138	59	43,8		
128	170					
77	192	138	59	40,8	231	
54	295	227	126	40,5		
31	319	270	203	42,8	341	Exitus letalis am Vormittag

Tabelle 4. Chlor- und Wassergehalt der Gewebe von Hund 3.

Datum 1939	Gewebe	Frisch-gewebe mg-% Cl	Trocken-substanz mg-% Cl	Wasser-gehalt %	Trocken-substanz %
8. 3. Versuchsbeginn	Haut	181	392	53,8	46,2
18. 3. Beginn der Salzbehandlung	Haut	114	251	54,6	45,4
20. 3. mgs. 3. Tag der Salzbehandlung	Haut	193	434	55,5	44,5
20. 3. †	Muskel	88	326	73,0	27,0
20. 3. †	Niere	231	1036	77,7	22,3
20. 3. †	Lunge	235	1135	79,3	20,7
20. 3. †	Leber	151	595	74,6	25,4
20. 3. †	Milz	122	555	78,0	22,0
20. 3. †	Gehirn	118	496	76,2	23,8

Genitale entwickeln sich. Am 18. 3. morgens ist der Hund äußerst träge. Das Tier schläft fast dauernd. Schmerzreaktionen sehr gering. Das Tier verfügt aber noch über beachtliche Kräfte, wie sich z. B. gelegentlich von Hautstanzungen erkennen läßt. Am 18. 3. mittags beginnt die intensive Rechlorurierung. Das Tier wird am Spätabend wacher und lebhafter. Es kann im Käfig stehen. Am 19. 3. morgens findet sich der Hund wieder in sehr beeinträchtigtem Allgemeinzustand. Er kann sich nurmehr mit Mühe auf den Beinen halten, keuchende Atmung, Stöhnen. Nochmals Kochsalzinfusion. Dann Cardiazol, Strophanthin. Am 20. 3. ist der Hund sehr unruhig, stöhnt und bellt viel. Er vermag sich nicht zu erheben. Schnappende Bewegungen. Allmähliches Verlöschen der Lebensfunktion. Exitus letalis um die Mittagsstunde. Bei der Sektion finden sich keinerlei bemerkenswerte Veränderungen an den inneren Organen.

Tabelle 5. Versuchsdaten

Versuchs-tag	Datum 1939	Gewicht kg	Nahrungsaufnahme		Kochsalzzulagen g Cl	Chlorverlust durch Magensaftentzug mg Cl	Chlorabgabe im Harn mg Cl
			Cal.	mg Cl			
1.	2. 4.	14,0	940	150	—		160
2.	3. 4.	—	940	150	—		115
3.	4. 4.	14,0	940	150	—		39
4.	5. 4.	13,5 ·	940	150	—	773	1760
5.	6. 4.	13,7	940	150	—		113
5.	7. 4.	13,5	940	150	—	351	48
7.	8. 4.	13,5	705	113	—	320	56
8.	9. 4.	13,1	705	113	—	650	87
9.	10. 4.	13,2	470	75	—	275	77
10.	11. 4.	12,9	—	—	—	674	42
11.	12. 4.	12,5	705	113	—	479	72
12.	13. 4.	12,5	705	113	—	395	80
13.	14. 4.	12,4	470	75	—	292	25
14.	15. 4.	12,1	470	75	—	213	16
15.	16. 4.	12,5	470	75	—	505	30
16.	17. 4.	12,0	118	19	—	299	46
17.	18. 4.	11,6	157	25	—	253	14
18.	19. 4.	11,4	100	14	18 Uhr: 0,61 subcutan		22
19.	20. 4.	11,2	267	35	mgs.: 1,21 subcutan		19
20.	21. 4.	10,9	200	27	mgs.: 0,91 subcutan		22
21.	22. 4.	11,1	376	60	mgs.: 0,91 subcutan		51
22.	23. 4.	10,8	282	45	—		39
23.	24. 4.	10,5	470	75	—		42
24.	25. 4.	10,5	470	75	—		19
25.	26. 4.	10,5	940	150	—		48
26.	27. 4.	10,5	940	150	—		49
27.	28. 4.	10,5	940	150	—		31
28.	29. 4.	10,5	940	150	—		46
29.	30. 4.	10,5	940	150	—		55
30.	1. 5.	10,6	940	150	—		
31.	2. 5.	10,6	940	150	1,21 per os		99
32.	3. 5.	10,6	940	150	1,21 per os		42
33.	4. 5.	10,8	940	150	1,21 per os		24
34.	5. 5.	10,7	940	150	1,21 per os		93
35.	6. 5.	10,7			1,21 subcutan		
36.	7. 5.	—	940	150	1,21 per os		1612
37.	8. 5.	10,5			—		947
38.	9. 5.	10,6	626	100	1,21 per os + 1,21 subcutan		462
39.	10. 5.	10,5	940	150	1,21 per os		2130
40.	11. 5.	—	940	150	1,21 per os		1805
41.	12. 5.	11,2	940	150	1,21 per os		1758
42.	13. 5.	11,6	470	75	1,21 per os		1652
43.	14. 5.	11,8	470	75	1,21 per os		332
44.	15. 5.	—	470	75	1,21 per os		1496
45.	16. 5.	11,8					

Versuchsverlauf: Hund 5.

Nach 3tägiger Vorperiode, während der der Hund mit Standardkost $+2$ g NaCl-Zulage eingestellt war, wird der Hund am 2. 4. 39 auf chlorarme Kost gebracht. Am 5. 4. Salyrgantag, Einsatz der Chlorentziehung aus dem Magen. Der Hund frißt die Versuchskost ohne Abneigung. Ab 13. 4. Verschlechterung des Allgemeinzustandes. Zellreiche Sekretion der Konjunktiven, Eiterpusteln in der

von Hund 5.

Plasma Rest-N mg-%	Plasma mg-% Cl	Gesamt-blut mg-% Cl	Erythro-cyten mg-% Cl	Erythro-cyten Vol.-%	Kammer-wasser mg-% Cl	Bemerkungen
25	383	305	165	35,8	412	mgs. 2 ccm Salyrgan i.v.
47	238	163	61	42,5		
117	181	135	64	39,4	234	
27	277	216	113	37,1		
25	323	238	116	41,3		
	327	252	132	38,6		
	323				272	
35	319	256	159	39,1	274	
	351	280	164	37,7		
23	390	319	187	34,8	351	
28	415	320	170	38,7	423	Versuchsende

Schoßgegend. In den nächsten Tagen zunehmende Teilnahmlosigkeit, meist schläfrig und bewegungsarm in Ruhelage. Punktionen und Injektionen werden ohne Abwehr hingenommen. Am 17. 4. Freßunlust. Lidspalten eitrig verklebt. Ungepflegter Gesamteindruck. Ausgesprochenes Muskelzittern. Übler Geruch. Am 18. 4. sehr schlechter Allgemeinzustand, mühsame und tiefe Atmung somnolent. Der Hund kann noch mit Mühe stehen, knickt aber sehr leicht ein. Er nimmt nur

Tabelle 6. Chlor- und Wassergehalt der Gewebe von Hund 5.

Datum 1939	Gewebe	Frisch-gewebe mg-% Cl	Trocken-substanz mg-% Cl	Wasser-gehalt %	Trocken-substanz %
5. 4. Versuchsbeginn	Haut	212	527	59,8	40,2
19. 4. Beginn der Salzbehandlung	Haut	126	265	52,2	47,8
26. 4. 8. Tag der Salzbehandlung	Haut	204	472	56,8	43,2
8. 5. Kochsalzgleichgewicht erreicht	Haut	246	626	60,7	39,3
17. 5. Ende der Nachperiode	Haut	238	552	56,9	43,1

Chlorbilanz: Hund 5.

Dechloruration: 2.—18. 4. 39.

Ausfuhr aus dem Magen	5,489 g Cl
Ausfuhr im Harn	2,780 g Cl
Ausfuhr im Kot	0,127 g Cl
Gesamtausfuhr	8,396 g Cl
Einfuhr mit der Nahrung	1,696 g Cl
Chlorentzug	6,700 g Cl

Rechloruration: 19. 4.—5. 5. 39.

Subcutane Einfuhr	3,630 g Cl
Kochsalzzulage per os	4,840 g Cl
Einfuhr mit der Nahrung	1,831 g Cl
Gesamteinfuhr	10,301 g Cl
Ausfuhr im Harn	0,701 g Cl
Ausfuhr im Kot	0,160 g Cl
Gesamtausfuhr	0,861 g Cl
Chloransatz	9,440 g Cl
Chlorentzug	6,700 g Cl
Chloransatz	9,440 g Cl
Chlorspeicherung	2,730 g Cl

noch $^1/_3$ der ihm zugemessenen Nahrungsration auf. 19. 4. Der Hund liegt mit weit von sich gestreckten Gliedern völlig apathisch im Käfig. Er kann nicht mehr aufrecht bleiben. Gegen Abend Beginn der Rechlorurierung. Infusion von physiologischer Kochsalzlösung unter die Haut. Am 20. 4. 2 g, an den beiden folgenden Tagen je 1,5 g physiologischer Lösung unter die Haut, bis dahin insgesamt 6 g Kochsalz. Zunächst nur mäßig gute Erholung. Noch am 22. 4. leichte Benommenheit. Am 23. 4. wird der Hund lebhaft, er springt spontan aus dem Käfig, zeigt Spieltrieb, ist neugierig. Freßlust wie früher. Die Haut säubert sich, die Augen werden klar. In der Folge zeigt der Hund völlig normales Verhalten. Wesentliche Gewichtszunahme tritt nicht ein. Ab 2. 5. werden täglich 2 g Kochsalz als Zulage der Standardkost beigegeben. Seit dem 6. 5. stellt sich Widerwillen gegen die Versuchskost ein. Die Nahrungsaufnahme wird ungenügend. Zur Gewährleistung der Chlorzufuhr 2 g NaCl in physiologischer Lösung subcutan. Die Berechnung zeigt, daß die Chlorabgabe zwischen dem 6. und 8. 5. der Einfuhr etwa entspricht. Als letzter positiver Bilanztag wird der 5. 5. in Rechnung gestellt. Am 9. 5. wird der Versuch abgeschlossen, dann Nachbeobachtung bis zum 16. 5.

Versuchsverlauf: Hund 6.

Voreinstellung mit Standardkost $+2$ g NaCl. Am 2. 4. Versuchsbeginn. Bis 5. 4. chlorarme Tage, dann Salyrganinjektion und Beginn des planmäßigen Magensaftentzuges. Das Versuchstier frißt die zugeteilten Kostmengen mit Appetit. Langsam fortschreitende Gewichtsabnahme. Am 8. 4. ist der Hund weniger lebhaft, aber bei Wohlbefinden. Am 13. 4. fällt Teilnahmlosigkeit auf, schlapp, müde. Muskelzittern, Conjunctivitis. 16. 4. Schlechter Allgemeinzustand. Freßunlust. Apathie. Foetor. Zunehmende Vereiterung der Lidspalten. 18. 4. Der Hund fällt beim Umherlaufen nieder, große allgemeine Schwäche. Am 19. 4. wird das Tier soporös, nachmittags setzt die Behandlung ein. Subcutane Infusion physiologischer Kochsalzlösung, am 19. 4. 1 g, am 20. 4. 2 g, am 21. 4. 1 g Kochsalz. Nach der zweiten Infusion am 20. 4. zeigt sich erst eine deutliche Besserung, gute Erholung aber erst am Abend des 21. 4. Der Hund ist jetzt lebhaft, springt seine Wartung an, will spielen. Die Conjunctivitis bildet sich zurück. Befriedigender Allgemeinzustand. Der Hund bekommt breiigen Stuhl, der mit wenig Blut vermischt ist. Die Augensymptome haben sich fast ganz zurückgebildet. In der Folge zeigt der Hund völlig normales Verhalten. Er frißt mit großem Appetit. Da die Chlorabgabe im Harn noch sehr gering bleibt, und weil der Blutwert noch erheblich unter der Norm liegt, wird am 2. 5. und von da ab regelmäßig, täglich 2 g Kochsalz in der Kost zugeführt. Die Augen sind seit dem 3. 5. völlig klar. Der Hund befindet sich wohl. Am 8. 5. bestehen ausgedehnte Lähmungen an den Extremitäten, vor allem hinten. Der Hund kann nicht mehr stehen, er verweigert am Abend die Nahrungsaufnahme. Am nächsten Morgen wird der Hund tot im Käfig aufgefunden. Die unerwartete Wendung nach zuvor völligem Wohlbefinden konnte nicht geklärt werden. Die Sektion zeigte keinerlei Veränderungen. Am Gehirn fiel nichts auf; das Rückenmark wurde nicht seziert. Zur Errechnung der Bilanz wurde als letzter Tag der 8. 5. eingesetzt.

Chlorbilanz: Hund 6.

Dechloruration: 2.—18. 4. 39.

Ausfuhr aus dem Magen	3,118 g Cl
Ausfuhr im Harn	2,726 g Cl
Ausfuhr im Kot	0,070 g Cl
Gesamtausfuhr	5,914 g Cl
Einfuhr mit der Nahrung	1,219 g Cl
Chlorentzug	4,695 g Cl

Rechloruration: 19. 4.—8. 5. 39.

Subcutane Einfuhr	3,630 g Cl
Kochsalzzulage per os	7,270 g Cl
Einfuhr mit der Nahrung	1,302 g Cl
Gesamteinfuhr	12,205 g Cl
Ausfuhr im Harn	5,253 g Cl
Ausfuhr im Kot	0,141 g Cl
Gesamtausfuhr	5,394 g Cl
Chloransatz	6,811 g Cl
Chlorentzug	4,695 g Cl
Chloransatz	6,811 g Cl
Chlorspeicherung	2,116 g Cl

Tabelle 7. Versuchsdaten

Ver-suchs-tag	Datum 1939	Gewicht kg	Nahrungs-aufnahme Cal.	Nahrungs-aufnahme mg Cl	Kochsalzzulagen g Cl	Chlorver-lust durch Magensaft-entzug mg Cl	Chlor-abgabe im Harn mg Cl
1.	2. 4.	6,8	470	75	—		826
2.	3. 4.	—	470	75	—		262
3.	4. 4.	6,5	940	150	—		156
4.	5. 4.	6,7			—	361	961
5.	6. 4.	6,4	470	75	—		103
6.	7. 4.	6,3	470	75	—	439	32
7.	8. 4.	6,3	470	75	—	288	46
8.	9. 4.	6,3	470	75	—	303	46
9.	10. 4.	6,0	470	75	—	220	33
10.	11. 4.	6,0	470	75	—	265	18
11.	12. 4.	5,9	470	75	—	215	46
12.	13. 4.	6,0	470	75	—	102	13
13.	14. 4.	5,8	118	19	—	80	45
14.	15. 4.	5,5	470	75	—	125	29
15.	16. 4.	5,7	470	75	—	350	43
16.	17. 4.	5,5	470	75	—	210	37
17.	18. 4.	5,6	470	75	—	160	30
18.	19. 4.	5,5	200	27	18 Uhr: 0,61 subcutan		48
19.	20. 4.	5,7	400	53	mgs.: 1,21 subcutan		5
20.	21. 4.	—	400	53	mgs.: 0,61 subcutan		12
21.	22. 4.	5,4	267	35	—		28
22.	23. 4.	—	267	35	—		89
23.	24. 4.	5,1	470	75	—		35
24.	25. 4.	5,1	470	75	—		29
25.	26. 4.	5,2	470	75	—		45
26.	27. 4.	5,3	470	75	—		57
27.	28. 4.	5,3	470	75	—		69
28.	29. 4.	5,4	470	75	—		40
29.	30. 4.	5,4	470	75	—		81
30.	1. 5.	5,4	470	75	—		
31.	2. 5.	5,4	470	75	1,21 per os		46
32.	3. 5.	5,4	470	75	1,21 per os		68
33.	4. 5.	5,5	470	75	1,21 per os		1231
34.	5. 5.	5,6	705	113	1,21 per os		616
35.	6. 5.	5,8	470	75	0,91 per os		1468
36.	7. 5.	—	235	38	0,31 per os + 1,21 subcutan		
37.	8. 5.	5,8	470	75	1,21 per os		1296
38.	9. 5.						

Tabelle 8. Chlor- und Wassergehalt der Gewebe von Hund 6.

Datum 1939	Gewebe	Frisch-gewebe mg-% Cl	Trocken-substanz mg-% Cl	Wasser-gehalt %	Trocken-substanz %
5. 4. Versuchsbeginn	Haut	166	457	65,3	34,7
19. 4. Beginn der Salzbehandlung	Haut	98	262	62,6	37,4
25. 4. 7. Tag der Salzbehandlung	Haut	124	348	64,4	35,6
6. 5. Kochsalzgleichgewicht erreicht	Haut	195	531	63,3	36,7

von Hund 6.

Plasma Rest-N mg-%	Plasma mg-% Cl	Gesamt-blut mg-% Cl	Erythro-cyten mg-% Cl	Erythro-cyten Vol.-%	Kammer-wasser mg-% Cl	Bemerkungen
28	380	295	172	40,7	399	mgs. 2 ccm Salyrgan i.v.
82	256	174	74	44,8		
84	188	145	82	40,5	256	
30	295	238	153	39,9		
	348	266	128	37,4		
28	344	259	138	41,4	327	
	344	273	147	36,1	331	
	405	334	225	39,5		
37	412	330	195	37,9	383	Exitus letalis in der Nacht

Tabelle 8 (Fortsetzung).

Datum 1939	Gewebe	Frisch-gewebe mg-% Cl	Trocken-substanz mg-% Cl	Wasser-gehalt %	Trocken-substanz %
9. 5. mgs. Versuchsende	Haut	208	673	69,1	30,9
9. 5. †	Muskel	114	445	74,4	25,6
9. 5. †	Niere	263	1469	82,1	17,9
9. 5. †	Lunge	268	1540	82,6	17,4
9. 5. †	Leber	164	580	71,7	28,3
9. 5. †	Milz	138	793	82,6	17,4
9. 5. †	Gehirn	182	851	78,6	21,4

Tabelle 9. Versuchsdaten

Ver-suchs-tag	Datum 1939	Gewicht kg	Nahrungsaufnahme Cal.	Nahrungsaufnahme mg Cl	Kochsalzzulagen g Cl	Chlorverlust durch Magensaftentzug mg Cl	Chlorabgabe im Harn mg Cl
1.	18. 5.	9,7	470	75	—		537
2.	19. 5.	—	470	75	—		647
3.	20. 5.	9,6	470	75	—		661
4.	21. 5.	—	470	75	—		107
5.	22. 5.	—	470	75	—		124
6.	23. 5.	—	470	75	—		82
7.	24. 5.	9,5	470	75	—		471
8.	25. 5.	—	470	75	—	—	551
9.	26. 5.	9,3	470	75	—		74
10.	27. 5.	9,3	470	75	—		108
11.	28. 5.	—	470	75	—		107
12.	29. 5.	9,3	470	75	—		
13.	30. 5.	—	470	75	—	2293	16
14.	31. 5.	—	470	75	—		43
15.	1. 6.	9,0	470	75	—		44
16.	2. 6.	—	470	75	—		182
17.	3. 6.	—	470	75	—	—	
18.	4. 6.	8,9	470	75	—		51
19.	5. 6.	—	—	—	—		60
20.	6. 6.	8,8	470	75	—	369	32
21.	7. 6.	—	470	75	—		32
22.	8. 6.	—	470	75	—	—	55
23.	9. 6.	8,8	470	75	—	273	32
24.	10. 6.	—	470	75	—	227	54
25.	11. 6.	—	470	75	—		
26.	12. 6.	8,8	—	—	—	273	9
27.	13. 6.	—	940	150	—		11
28.	14. 6.	—	470	75	—	192	54
29.	15. 6.	—	118	19	—	21	14
30.	16. 6.	—	—	—	18 Uhr: 2,52 subcutan 24 Uhr: 1,21 subcutan		13
31.	17. 6.	8,4	—	—	12 Uhr: 2,12 subcutan		62
32.	18. 6.	—	313	50	—		
33.	19. 6.	8,2	470	75	—		
34.	20. 6.	—	235	38	—		89
35.	21. 6.	7,8	470	75	—		60
36.	22. 6.	—	470	75	—		51
37.	23. 6.	7,5	470	75	—		Spur
38.	24. 6.	—	470	75	—		Spur
39.	25. 6.	7,1	470	75	—		Spur
40.	26. 6.	—	470	75	—		Spur
41.	27. 6.	7,4	470	75	0,91 per os		Spur
42.	28. 6.	—	470	75	0,91 per os		Spur
43.	29. 6.	7,6	470	75	0,91 per os		22
44.	30. 6.	7,6	470	75	0,91 per os		417
45.	1. 7.	—	470	75	0,91 per os		868
46.	2. 7.	7,6	470	75	0,91 per os		752
47.	3. 7.	—	470	75	0,91 per os		715
48.	4. 7.	7,8	470	75	0,91 per os		562
49.	5. 7.	7,8	470	75	0,91 per os		1141
50.	6. 7.						

von Hund 7.

Plasma Rest-N mg-%	Plasma mg-% Cl	Gesamt-blut mg%-Cl	Erythro-cyten mg-% Cl	Erythro-cyten Vol.-%	Kammer-wasser mg-% Cl	Bemerkungen
31	402	305	181	43,7		
34	422	305	160	44,9	444	mttgs. 2 ccm Salyrgan i.v.
38	245	181	87	40,4		
157	192	138	63	41,6		
186	178	135	64	37,6	209	
	252	197	111	38,8		
45	295	241	153	37,9		
38	323					
28	323	259	159	39,4	323	
	348	291	203	39,0		
31	398	344	271	42,5	412	
	408	341	216	40,2		
34	415				405	Versuchsende

Chlorbilanz: Hund 7.

Dechloruration: 18. 5.—15. 6. 39.

Ausfuhr aus dem Magen	3,648 g Cl
Ausfuhr im Harn	4,008 g Cl
Ausfuhr im Kot	0,097 g Cl
Gesamtausfuhr	7,753 g Cl
Einfuhr mit der Nahrung	2,044 g Cl
Chlorentzug	5,709 g Cl

Rechloruration: 16.—30. 6. 39.

Subcutane Einfuhr	5,750 g Cl
Kochsalzzulage per os	3,640 g Cl
Einfuhr mit der Nahrung	0,913 g Cl
Gesamteinfuhr	10,303 g Cl
Ausfuhr im Harn	0,715 g Cl
Ausfuhr im Kot	0,061 g Cl
Gesamtausfuhr	0,776 g Cl
Chloransatz	9,527 g Cl
Chlorentzug	5,709 g Cl
Chloransatz	9,527 g Cl
Chlorspeicherung	3,818 g Cl

Versuchsverlauf: Hund 7.

Voreinstellung auf Standardkost mit täglich 2 g NaCl-Zulage. Nach 1 Woche am 18. 5. Versuchsbeginn. 6 Tage chlorarme Standardkost. Am 24. 5. 2 ccm Salyrgan i.v. Am 26. 5. beginnt die planmäßige Dechloruration durch Magensaftentzug. Die Ernährung des Hundes macht keine Schwierigkeiten; er frißt seine Tagesration regelmäßig spontan und vollständig. Am 27. 5. wird nach der ersten Histaminspritze ein kurz dauernder Krampfzustand beobachtet. Bis zum 29. 5. guter Allgemeinzustand. Körpergewicht mäßig reduziert. Am 31. 5. wird eine Verschlechterung des Befindens erkennbar. Der Hund ist antriebsarm, die gewohnte Lebhaftigkeit fehlt. Am 4. 6. blieb der Hund schläfrig im Käfig. Die Freßlust fehlt. Am folgenden Tag wird keine Nahrung aufgenommen. Starke Salivationen, gesteigerter Bewegungstrieb. Der Hund läuft auffällig im Kreise. Die Brechwirkung nach Apomorphin ist gering; am 6. und 7. 6. wird kein Mageninhalt erbrochen. Seitdem Magensaftentziehung mit der Sonde. Der Hund wird nun zunehmend hinfällig und schwach. Verweigerung der Nahrungsaufnahme. Seit dem 6. 11. Ernährung durch die Sonde. Am 10. 6. bewegungsarm, große Schläfrigkeit, keine Abwehrbewegungen mehr. 13. 6. völlige Teilnahmlosigkeit, willenlos, apathisch. Der Hund schläft viel. Muskelzittern, tetanische Zustände. Nun schnelle Verschlechterung des Zustandes. Am 15. 6. erschwerte, schniefende Atmung. Aus der Nase wird blutig-eitrige Flüssigkeit sezerniert. Schwere Conjunctivitis mit Vereiterung der Lidspalten. Übler Foetor. Eitrige Hautentzündung an den Punktionsstellen. Zahlreiche linsengroße Eiterpusteln mit hellrotem Hof in Gegend der Schenkelbeuge und des Genitale. Starker Würg- und Brechreiz. Geringer Husten. Am 16. 6. Zunahme der geschilderten Erscheinungen. Träge Schmerzreaktionen. Somnolenz. Um 18 Uhr Beginn der Rechlorurierung: zunächst 4 g NaCl, gegen Mitternacht 2,5 g NaCl in physiologischer Lösung unter die Haut. Nach der massiven Kochsalzzufuhr versinkt der Hund nach einer vorübergehenden Besserung von kurzer Dauer schnell in einen schweren, ausgesprochen komatösen Zustand. Große Atmung, angestrengtes Keuchen, keine Schmerzreaktionen mehr.

Tabelle 10. Chlor- und Wassergehalt der Gewebe von Hund 7.

Datum 1939	Gewebe	Frisch-gewebe mg- %Cl	Trocken-substanz mg-% Cl	Wasser-gehalt %	Trocken-substanz %
26. 5. Versuchsbeginn	Haut	152	353	56,9	43,1
16. 6. Beginn der Salzbehandlung	Haut	78	161	51,6	48,4
2. 7. Kochsalzgleichgewicht erreicht	Haut	242	512	52,7	47,3
8. 7. Ende der Nachperiode	Haut	203	501	59,5	40,5

Am anderen Morgen ist der Hund erweckbar, ansprechbar. Sonst keine wesentliche Änderung des Befundes. Gegen Mittag nochmals 4 g NaCl in physiologischer Lösung subcutan. Wieder während mehrerer Stunden soporöser Zustand, Nahrungs-zufuhr nicht möglich. 18. 6. der Hund ist etwas erholt. Ernährung mit der Sonde beschränkt möglich. Am 17. und 18. 6. mehrere dünnflüssige, leicht blutige Durch-fälle. Temperatur und Leukocytenzahl normal. Am 19. 6. deutliche Besserung. Der Hund kann sich aufstellen, knickt aber beim Laufen sogleich auf der Hinter-hand ein. Die Atmung ist wieder normal, Nase frei. Rückgang der Augensymptome. Noch große allgemeine Schwäche. Am 20. 6. wird etwa die Hälfte der eingeführten Nahrung erbrochen. Am 22. 6. erhebliche Besserung. Der Hund springt unbehindert im Käfig umher. Die sichtbaren Haut- und Schleimhautveränderungen sind zu-rückgebildet. Ernährung störungslos. 23. 6. Augen klar. Das Versuchstier zeigt seine frühere Lebhaftigkeit. Seit dem 26. 6. frißt der Versuchshund seine Kost wieder spontan und mit gutem Appetit. Gute allgemeine Erholung. Vom 27. 6. an wird täglich 1,5 g NaCl in Lösung gesondert durch die Magensonde zugegeben. In der Folge durchaus normales Verhalten. Ab 3. 7. frißt der Hund die Versuchs-kost nicht mehr spontan. Ernährung durch die Sonde. Vom 1. 7. an entspricht die Chloridausscheidung etwa der Chlorzufuhr. Zur abschließenden Errechnung der Chlorbilanz wurde der Stand vom 30. 6. zugrunde gelegt.

Versuchsverlauf: Hund 8.

5 Tage lang Voreinstellung auf Standardkost + 2 g Na-Cl-Zulage. Am 25. 5. beginnt der Versuch; bis zum 30. 5. chlorarme Versuchskost. In dieser Periode zeigte sich bereits eine gewisse Beeinträchtigung des Allgemeinbefindens. Der Hund wird auffallend ruhig, Haarausfall. Nahrungsaufnahme spontan. Am 31. 5. morgens 2 ccm Salyrgan i.v. Beginn der Magensaftentziehung. Die Chlorverluste am 31. 5. sind ungewöhnlich stark. Die diuretische, chloraustreibende Salyrgan-wirkung kommt voll zur Geltung. Der erbrochene Mageninhalt nach der Histamin-Apomorphinbehandlung konnte nicht besonders abgefangen werden, sondern er gelangte an diesem Tage restlos in den Stoffwechselkäfig und wurde daher in dem Harngefäß aufgefangen und mit der Tagesharnportion vermischt bestimmt. Schon am 2. 6. macht der Hund einen ungepflegten Eindruck. Das Fell wird struppig: antriebsarm. Am 4. 6. schlechte Nahrungsaufnahme; sie wird am folgenden Tage ganz verweigert. 6. 6. Der Hund liegt teilnahmslos im Käfig. Nach Apomorphin nur mehr geringe Förderung von Mageninhalt. In der Folge Ernährung durch die Magensonde. Seit dem 8. 6. Magensaftentziehung ausschließlich durch Ausheberung und Spülung. Wegen der zunehmenden Apathie und der allgemeinen Schwäche gelingt die Sondierung besonders mühelos. 12. 6. weiterhin Verschlechterung,

Tabelle 11. Versuchsdaten

Ver-suchs-tag	Datum 1939	Gewicht	Nahrungs-aufnahme		Kochsalzzulagen	Chlorver-lust durch Magensaft-entzug	Chlor-abgabe im Harn
		kg	Cal.	mg Cl	g Cl	mg Cl	mg Cl
1.	25. 5.	12,4	470	75	—		
2.	26. 5.	12,4	470	75	—		378
3.	27. 5.	—	470	75	—		77
4.	28. 5.	12,4	470	75	—		
5.	29. 5.	—	470	75	—		136
6.	30. 5.	12,3	470	75	—		98
7.	31. 5.	—	470	75	—	[1] s. Anm.	3294 [1]
8.	1. 6.	12,0	—	—	—	—	403
9.	2. 6.	11,4	470	75	—		
10.	3. 6.	—	470	75	—	1952	21
11.	4. 6.	—	313	50	—		25
12.	5. 6.	—	—	—	—	—	51
13.	6. 6.	10,5	470	75	—		36
14.	7. 6.	—	470	75	—	423	38
15.	8. 6.	—	470	75	—	—	21
16.	9. 6.	10,2	470	75	—	—	22
17.	10. 6.	—	470	75	—	—	
18.	11. 6.	—	470	75	—	485	71
19.	12. 6.	9,3	940	150	—	483	27
20.	13. 6.	—					36
21.	14. 6.	9,5	470	75	—	244	12
22.	15. 6.	—	470	75	—	230	36
23.	16. 6.	9,2	470	75	1,21 subcutan		47
24.	17. 6.	—	470	75	1,21 subcutan		Spur
25.	18. 6.	9,3	470	75	1,21 per os		Spur
26.	19. 6.	—	470	75	1,21 per os		Spur
27.	20. 6.	9,1	470	75	1,21 per os		Spur
28.	21. 6.	—	—	—	—		Spur
29.	22. 6.	8,7	470	75	1,21 per os		Spur
30.	23. 6.	8,7	470	75	1,21 per os		Spur
31.	24. 6.	—	470	75	1,21 per os		
32.	25. 6.	8,5	470	75	1,21 per os		57
33.	26. 6.	—	—	—	1,21 per os		
34.	27. 6.	—	940	150	1,21 per os		588
35.	28. 6.	8,9	470	75	1,21 per os		968
36.	29. 6.	—	—	—	1,21 subcutan		1278
37.	30. 6.	9,0	470	75	1,21 per os		578
38.	1. 7.	—	470	75	1,21 per os		1387
39.	2. 7.	9,2	235	38	1,21 per os		617
40.	3. 7.	—	470	75	1,21 per os		1260
41.	4. 7.	—	470	75	1,21 per os		998
42.	5. 7.	9,4	470	75	1,21 per os		1200
43.	6. 7.						

Conjunctivitis, in den Lidwinkeln Eiter. 14. 6. kläglicher Allgemeineindruck, ausgesprochene neuromuskuläre Übererregbarkeit. Der Hund liegt dauernd unbewegt im Käfig, wendet beim Ansprechen kaum den Kopf. Richtet man den Hund auf, so vermag er nur mit Mühe und Schwanken zu stehen. Beim Gang knickt er auf der Hinterhand ein. Eitrige Hautentzündungen an den Punktionsstellen. Am 15. 6. zunehmende Somnolenz. Ständig Muskelzittern, äußerster Kräfteverfall. Am 16. 6. morgens Beginn der Rechlorurierung. Der Hund erhält täglich 2 g NaCl, an den beiden ersten Tagen in physiologischer Lösung subcutan, dann als ein-

von Hund 8.

Plasma Rest-N mg-%	Plasma mg-% Cl	Gesamt-blut mg-% Cl	Erythro-cyten mg-% Cl	Erythro-cyten Vol.-%	Kammer-wasser mg-%Cl	Bemerkungen
37	409	320	190	40,5		
23	383	308	204	41,7	419	mgs. 2 ccm Salyrgan i.v. [1] Nach Apomorphin in den Käfig erbrochen. Der gesamte Magensaftentzug des Tages floß daher in das Harngefäß und ist mit dem Harn gemeinsam erfaßt
32	263	170	68	47,4		
61	188	128	55	45,1		
205	167	117	51	43,1	195	
	188	149	89	39,5		
47	241					
	270	231	174	40,7		
	288					
30	356	289	184	39,1		
	380					
34	412	338	231	41,1	405	
	415					
28	408	334	216	38,4	419	

gewogene Zulage per os durch die Sonde. Schon am 17. 6. deutliche, wenn auch geringe Erholung. Der Hund vermag sich spontan zu erheben; er versucht sich dem Zugriff der Wartung zu entziehen. Er zeigt keine Schläfrigkeit mehr. Die Conjunctivitis bessert sich. In den nächsten Tagen langsam fortschreitende Erholung. 20. 6. vermehrter Bewegungsantrieb. Der Hund springt munter im Käfig umher, bellt freudig bei Annäherung. Der Hund macht aber noch einen stark heruntergekommenen Allgemeineindruck. Die Stühle sind etwas breiig, nicht häufiger. 23. 6. normales Verhalten. Der Hund muß aber dauernd durch die

Tabelle 12. Chlor- und Wassergehalt der Gewebe von Hund 8.

Datum 1939	Gewebe	Frisch-gewebe mg-% Cl	Trocken-substanz mg-% Cl	Wasser-gehalt %	Tocken-substanz %
31. 5. Versuchsbeginn	Haut	140	361	61,2	38,8
16. 6. Beginn der Salzbehandlung	Haut	69	148	53,5	46,5
30. 6. Kochsalzgleichgewicht erreicht	Haut	258	617	58,2	41,8
8. 7. Ende der Nachperiode	Haut	233	556	58,1	41,9

Chlorbilanz: Hund 8.

Dechloruration: 25. 5.—15. 6. 39.

Ausfuhr aus dem Magen . . . . 3,817 g Cl
Ausfuhr im Harn . . . . 4,733 g Cl
Ausfuhr im Kot . . . . 0,141 g Cl

Gesamtausfuhr . . . . 8,691 g Cl
Einfuhr mit der Nahrung . . . . 1,475 g Cl

Chlorentzug . . . . 7,216 g Cl

Rechloruration: 16.—29. 6. 39.

Subcutane Einfuhr . . . . 2,420 g Cl
Kochsalzzulage per os . . . . 12,100 g Cl
Einfuhr mit der Nahrung . . . . 0,900 g Cl

Gesamteinfuhr . . . . 15,420 g Cl
Ausfuhr im Harn . . . . 2,939 g Cl
Ausfuhr im Kot . . . . 0,128 g Cl

Gesamtausfuhr . . . . 3,067 g Cl
Chloransatz . . . . 12,353 g Cl
    Chlorentzug . . . . 7,216 g Cl
    Chloransatz . . . . 12,353 g Cl
    Chlorspeicherung . . . . . . 5,137 g Cl

Sonde ernährt werden, weil er die Versuchskost ablehnt. Unbefriedigend bleibt der körperliche Zustand, Gewichtsabnahme. Körpergewicht vom 25. 6. 8,5 kg. Am 27. 6. ist der Chlorspiegel im Serum normal. Nun nimmt der Hund langsam zu. Der Stichtag zur Errechnung der Chlorbilanz ist der 29. 6. Der Hund macht jetzt wieder einen guten und gepflegten Eindruck. Er verhält sich in jeder Beziehung durchaus normal. In den nächsten Tagen erbricht der Hund öfters; die häufige Sondierung hat offenbar zu einer Magenschleimhautreizung geführt. Die erbrochene Nahrung wird jedesmal quantitativ ersetzt. Die Chlorbilanz der Nachperiode ist infolge dieses Verfahrens nicht absolut genau.

Ergebnisse und Besprechung.

Gesamtchlorstoffwechsel.

Ein wesentlicher Gesichtspunkt bei der Planung der Versuche war, unter den gegebenen Bedingungen zu einer möglichst einwandfreien

Chlorbilanz zu kommen. Bei der Beurteilung einer Untersuchung der Bilanz des Chlorstoffwechsels muß man sich vergegenwärtigen, daß man nicht erwarten darf, ein der Genauigkeit der angewandten chemischen Untersuchungsmethoden entsprechendes Bild der Vorgänge zu erhalten. Dem stehen grundsätzlich zwei Schwierigkeiten entgegen: 1. die Chlormengen innerhalb des Verdauungsrohres entziehen sich einer unmittelbaren Kontrolle. Sie setzen sich zusammen aus den Chloriden, die mit der Nahrung zugeführt waren, aber nicht oder nicht in den Stoffwechsel aufgenommen sind, und aus dem Chlor, das mit den Verdauungssäften abgeschieden sich auf der Wegstrecke zwischen sezernierender und resorbierender Epithelzelle des Magen-Darmkanals befindet. Dieser Abschnitt des Stoffwechsels, der sich also in Außenräumen und jenseits des intermediären Stoffwechsels abspielt, kann zahlenmäßig auf keine Weise erfaßt werden und läßt sich in einer Chlorbilanz daher nicht als bestimmte Größe rechnerisch einsetzen. 2. Der Chlorstoffwechsel arbeitet mit einer gewissen Latenz. Die Einstellung der Gleichgewichtslage von Chloreinfuhr und Chlorausscheidung nach einer Änderung der Kochsalzzufuhr benötigt, gemessen an der außerordentlichen Leistungsfähigkeit der chloraufnehmenden und chlorabscheidenden Organe, eine bemerkenswert lange Zeit. Die Umstellung von kochsalzreicher zu kochsalzarmer Kost z. B. vollendet sich je nach den gegebenen äußeren Umständen zuweilen erst nach Tagen *(v. Hösslin, Rapinesi)*. Die Gewebsregulationen, die den Chlorstoffwechsel beherrschen, erfolgen also verhältnismäßig langsam. Aus diesem Grunde ist eine tatsächlich exakte Abgrenzung der Versuchsperiode im Chlorstoffwechselversuch schwierig. Diese theoretisch unvermeidbaren Ungenauigkeiten im Bilanzversuch lassen sich indessen auf ein für wissenschaftliche Zwecke tragbares Mindestmaß zurückführen. Voraussetzung dazu ist eine hinreichend langfristige Versuchsdauer. Den Beginn des Versuchs muß eine mindestens mehrtägige Vorperiode vorausgehen. In dieser Zeit muß die während des ganzen Versuchs ständig gleichbleibende Standardkost verabreicht und restlos zur Aufnahme gebracht werden. Die Kochsalzgabe wird in genau eingewogener Menge beigegeben. Erst nach nachgewiesen zuverlässiger Einstellung des Gleichgewichtes im Chlorwechsel beginnt der Versuch. Die Bilanz geht aus von dem ersten Tag der Umstellung auf kochsalzzusatzfreie, chlorverarmte Standardkost. Der Bilanzversuch schließt ab am Ende einer Nachperiode, während der alle Bedingungen des Stoffwechsels in genau der gleichen Weise eingestellt waren wie während der Vorperiode. Anfangs- und Endpunkt der Bilanzrechnung sind unter derart sorgfältig gleichgerichteten Verhältnissen wegen ihrer durchaus analogen Gleichgewichtslage zweifellos sehr weitgehend miteinander vergleichbar. Die Unmeßbarkeiten der Chlorbewegungen im Darmrohr (die ja im Bilanzversuch nur durch ihre Überschneidungen bei Versuchsbeginn und Versuchsende wichtig werden) und die Einstellungslatenz des Chlorstoffwechsels verlieren damit als Fehlerquellen für unsere Bilanzberechnungen jede maßgebliche Bedeutung. Man darf wohl im Hinblick auf die Langfristigkeit der Versuche und unter Berücksichtigung der Größenordnung der umgesetzten Chlormengen behaupten, daß die genannten Ungenauigkeitsfaktoren bei unseren Versuchsreihen keine irgendwie bemerkenswerte Rolle mehr spielen.

Die Chloreinfuhr und die Chlorabgabe, deren Ermittlung die Vorbedingung für die Erstellung der Bilanz ist, lassen sich hinreichend genau festlegen. Dabei ist auf die restlose quantitative Definierung der Eingaben und ebenso auf genaueste Erfassung aller abgegebenen Quanten die größte Sorgfalt zu verwenden. Die chemische Bestimmung bereitet keine Schwierigkeit. Die Chlorbilanz errechnet sich aus der Chloreinfuhr mit der Nahrung und den Kochsalzzulagen und der Chlorausfuhr mit Magensaft, Harn und Kot.

Dabei spielt die *Chlorabgabe mit den Faeces* eine ganz *untergeordnete* Rolle. Es ist bekannt, daß geformter Kot sehr wenig Chlor aus dem Körper hinausführt *(Tuteur, Javal)*; diarrhoische Entleerungen enthalten aber größere Chlormengen. Bei unseren Versuchen kam Durchfälligkeit nicht vor. Nur im azotämischen Endstadium der Dechlorurationsperiode wurden bisweilen einige breiige Stühle von stets nur geringer Masse abgesetzt. Im allgemeinen waren die Versuchstiere vielmehr ausgesprochen verstopft; der Kot war trocken, die Gesamtmenge auffallend gering. Im Dechlorurationsstadium darf man dies Verhalten sicherlich zum Teil auf die veränderte Darmfunktion im Salzmangelzustand beziehen *(Mellinghoff)*, daneben spielt aber mit großer Wahrscheinlichkeit die schlackenarme Beschaffenheit der Versuchskost eine erhebliche Rolle. In den Versuchsprotokollen sind die Kotchlorwerte verzeichnet. Sie liegen vielfach erheblich unter der von *Tuteur* angegebenen oberen Grenze, die bei etwa 1% der Aufnahme liegen soll. Die *Chlorabgabe durch die Haut* kann bei unseren Versuchen *außer Betracht* bleiben, denn die Schweißbildung spielt am Hund — abgesehen von ganz besonderen Verhältnissen, die aber im Rahmen unserer Versuchsreihen nicht eintraten — praktisch keine Rolle. Selbst beim Menschen ist die Chlorausscheidung durch die Haut, falls nicht ungewöhnliche Schweiße entstehen, so unbedeutend gering, daß sie nach der herrschenden Meinung im Bilanzversuch keine Berücksichtigung verdient *(Kramer, Schwenkenbecher* und *Spitta)*.

In den vorgelegten Bilanzuntersuchungen sind alle hier besprochenen Versuchsbedingungen einwandfrei erfüllt worden; alle erforderlichen Daten liegen lückenlos vor. So sind die angegebenen Chlorbilanzen unserer Versuchsreihen von großer Gültigkeit. Man darf annehmen, daß die Bilanzen noch in den Dezigrammen die wahren Werte etwa richtig wiedergeben; die tabellarische Aufführung der Zahlen bis zu den Milligrammen geschieht nur aus rechnerischen Gründen, da die chemische Analyse diese Größenordnung noch exakt sicherzustellen gestattet.

Vor Auswertung der Versuche sind *noch einige Bemerkungen über ihren Verlauf* erforderlich. Die Versuche mit Hund 3, 5, 7 und 8 verliefen einwandfrei und vollendeten sich planmäßig. Hund 2 hatte eine abscedierende Schluckpneumonie von geringer Ausdehnung; als alleinige Todesursache kommt sie nach dem Sektionsbefund nicht in Betracht. Der Chlorstoffwechsel ist aber wahrscheinlich in Zusammenhang mit diesem Ereignis in schwer abschätzbarer Weise beeinflußt.

Hund 6 starb am Ende der praktisch abgeschlossenen Versuchsperiode aus völligem
Wohlbefinden heraus an einer ungeklärten Ursache, nachdem am Vortag unvermittelt Extremitätenlähmungen aufgetreten waren. Die Sektion konnte zur
Klärung des Todesfalles nichts beitragen. Für die Annahme einer sekundären Einwirkung auf den Chlorstoffwechsel besteht kein Anlaß. Auf eine Erklärung dieses
Todesfalles haben wir verzichtet, weil wir nur unbeweisbare Vermutungen hätten
anführen können.

Zu erörtern bleibt noch die *Frage, inwieweit die im Dechlorurationsstadium angewandten Histamin- und Apomorphingaben das Ergebnis des Gesamtversuchs beeinflussen* könne. Histamin wirkt ohne Zweifel auf den Chlorstoffwechsel. Der Blutchlorgehalt sinkt nach Histamin ab *(Ni, Michalowski* und *Vogel, Romeo* u. a.),
vielleicht ist auch mit einer Chlorverschiebung in die Gewebe zu rechnen *(Glatzel)*.
Aber die Histaminwirkung in der von uns gebrauchten Dosierung ist ausgesprochen
flüchtig und eine ständige Beeinflussung des Chlorstoffwechsels ist selbst bei protra-
hierter Histaminverordnung *nicht* zu erwarten. In dieser Weise angewandt, hat
das Histamin anerkanntermaßen keine dauernden Nebenwirkungen *(Glass)*. Die
Toxikologie lehrt, daß die letale Dosis beim Hund um etwa 28 mg pro Kilogramm
Gewicht liegt *(Sieburg)*. Wir haben während der ganzen Versuchszeit insgesamt
für ein Tier höchstens einen kleinen Bruchteil dieser Letaldosis gebraucht. Auch
für das Apomorphin ist man nach den vorliegenden Kenntnissen berechtigt anzunehmen, daß bei der von uns geübten Anwendungsweise dauernde Nebenerschei-
nungen oder fixierte Beeinflussungen des Stoffwechsels, insbesondere ständige
und spezifische Rückwirkungen auf den Chlorhaushalt *nicht* auftreten *(Meyer* und
Gottlieb). Die Einwirkungen des Apomorphins auf den Chlorstoffwechsel leiten
sich ausschließlich ab von dem Magensaftverlust nach dem spezifisch verursachten
Brechakt.

Über den Dechlorurationsabschnitt unserer Versuche sollen nur einige
ergänzende Bemerkungen gemacht werden, weil über die *Vorgänge bei
der experimentellen Dechloruration* bereits verschiedentlich eingehend berichtet wurde *(Lim* und *Ni, Glass, Ambard, Stahl* und *Kuhlmann)*. Die
Chlorverarmung der Hunde gelang in jedem Falle planmäßig. Sie vollzog
sich schrittweise und erstreckte sich über Zeiträume von 10—20 Tagen.
Fast in allen Fällen war gegen Ende des Versuchs die Magensaftabscheidung geringer, aber auch in den letzten Versuchstagen gelang es stets durch
länger ausgedehnte Spülungen, namhafte Chlormengen aus dem Magen
zu entziehen. Ich habe schon in früheren Versuchen im einzelnen nachweisen können, daß selbst beträchtliche Verminderung der Chlorbestände
im Körper die Chlorkonzentrationsfähigkeit der sezernierenden Magen-
schleimhautzellen meist nicht wesentlich beeinträchtigt; im Chlorhunger·
spart der Organismus hauptsächlich durch Einschränkung der Saftmenge
(Katsch und *Mellinghoff)*. Wir haben in den vorliegenden Versuchen
infolge der Vermischung mit der Spülflüssigkeit die Menge des im Endstadium noch abgeschiedenen Magensaftes nicht messen können. Aber
es fällt auf, wie groß trotz der — wie wir gleich zeigen werden — außergewöhnlichen Chlorverarmung des Körpers die gelieferten Chlormengen
bis zu allerletzt gewesen sind. Im Laufe des letzten Dechlorurationstages
konnten durch intensive Spülung nach Histaminreiz mehrfach noch Chlormengen über 220 mg, in einem Falle sogar 420 mg Chlor gewonnen werden.

Berechnet man daraus überschlagsmäßig die schätzungsweise gelieferte
Saftmenge, indem man für den Magensaft im Hinblick auf die Histamin-
anwendung die hohe Chlorkonzentration von 0,7% *(Rosemann, Katsch)*
annimmt, so kommt man zu Zahlen von etwa 35—70 ccm. Es ergibt
sich also die Feststellung, daß unter der Voraussetzung zwischenzeitlich
ausreichender Nahrungs- und Flüssigkeitszufuhr unter Anwendung
des starken Histaminreizes der Organismus praktisch bis in die letzten
Stadien seines Lebens seine Magensaftabscheidung nicht einstellen kann.
Er ist vielmehr wehrlos der Ausschöpfung seiner Chlorbestände vom
Magen her ausgeliefert, bis er an den daraus folgenden Mangelerschei-
nungen zugrunde geht.

*Die bis zum Eintritt des azotämischen Komas entnommenen Chlor-
mengen erwiesen sich als unerwartet groß.* Man muß, um ein Urteil über
die Größe der Chlorverluste zu gewinnen, die ermittelten absoluten Zahlen
in Beziehung setzen zu dem Gesamtchlorgehalt des einzelnen Versuchstieres. Leider gibt es keine Möglichkeit, um sich zuverlässig über den zu
erwartenden Chlorbestand eines Lebewesens zu unterrichten. Die indirekten Methoden, die von einer Bestimmung des Volumens der extracellu-
lären Flüssigkeit ausgehen *(Crandall* und *Anderson, Laviete, Bourdillon* und
Klinghoffer), sind vorläufig noch als recht zweifelhaft anzusehen. Der
Gesamtchlorgehalt des Hundes ist bisher selten untersucht worden
(Harrison, Darrow und *Yannet)*. Die beste Angabe geht zurück auf
Rosemann. Er ermittelte für den Körperchlorbestand einen Faktor von
0,112% des Gewichtes. Die angegebene Zahl kann aber nur als Anhalt
dienen. Sie hat keinen Anspruch auf allgemeine Gültigkeit, weil sie
gewonnen wurde als Mittelwert nur zweier allerdings sehr einwandfreier
Bestimmungen. Überdies muß naturgemäß angenommen werden, daß
die prozentuale Zusammensetzung einzelner Individuen innerhalb gewisser Grenzen voneinander abweicht. Von großer Wichtigkeit ist unter
anderem die Vorernährung der Tiere, insbesondere im Hinblick auf ihren
Kochsalzgehalt. Nähere Angaben über die Auswirkungen irgendwelcher
besonderer Verhältnisse auf den Chlorfaktor des Körpers fehlen indessen.
Wir stützen uns in den vorliegenden Darlegungen wie die Mehrzahl der
Autoren auf die *Rosemann*sche Angabe, um überhaupt Vergleichszahlen
errechnen zu können. Wir müssen uns aber darüber klar sein, auf diesem
Wege nur annäherungsweise den wahren Chlorbestand eines Tieres feststellen zu können. Der Zustand unserer Hunde, auf den der Gesamtchlorgehalt bezogen wurde, ist eindeutig definiert durch ihre Einstellung
auf unsere genau festliegende Versuchskost bei einem Kochsalzgewicht
von 2 g. Auch *Rosemanns* Versuchstiere hatten schwach gesalzenes
Futter erhalten; genaue Angaben über die Vorernährung fehlen indessen.
In Tabelle 13 sind die absoluten und prozentualen Chloreinbußen eines
jeden Versuchstieres wiedergegeben. Da sich die übliche prozentuale
Angabe der Chlorverluste aus der Beziehung des genau meßbaren Chlor-

entzuges zu der nicht exakt feststellbaren Menge des Gesamtkörperchlors ergibt, halten wir noch die Aufzeichnung des Chlorverlustes pro Kilogramm Körpergewicht des Versuchstieres für zweckmäßig, weil damit eine einwandfrei errechnete absolute Größe gegeben ist.

Tabelle 13.

	Hund 2	Hund 3	Hund 5	Hund 6	Hund 7	Hund 8
Absoluter Chlorentzug in g Cl	4,44	4,46	6,70	4,70	5,71	7,22
Chlorentzug pro kg Körpergewicht in mg Cl	617	402	479	690	589	582
Gesamtchlorbestand in g Cl	8,06	12,43	15,68	7,62	10,86	13,89
Chloreinbuße in % des Gesamtchlorbestandes . . .	55,1	36,2	42,7	61,7	52,6	52,0

Man sieht aus der Zusammenstellung, daß der *Gesamtchlorbestand der Versuchstiere auf etwa die Hälfte und sogar mehr vermindert* werden konnte, *ohne daß die Tiere starben.* Dieses Ergebnis muß überraschen, denn man hielt derart große Chlorentziehungen bisher für unvereinbar mit einem Fortbestand des Organismus. *Lim* und *Hi, Ambard, Stahl* und *Kuhlmann* haben auf ähnliche Weise wie wir chlorverarmt; aber im Höchstfalle ertrugen ihre Hunde eine Reduktion des Gesamtchlors um 49%. Die am ehesten mit unseren Untersuchungen vergleichbaren Versuche von *Jerzy Glass* führten bereits bei einem Verlust von 43—44% des Chlorbestandes zum Ableben der Tiere. Der Chlorentzug pro Kilogramm Körpergewicht berechnet übertrifft mit Ausnahme von Hund 3 und 5 in entsprechender Weise die aus den bisher vorliegenden Experimenten abgeleiteten Zahlen.

Bei dem Urteil über das Maß einer erwirkten Chlorverarmung ist indessen eine gewisse Zurückhaltung am Platze. Unterschiede in dem primären Chlorgehalt des jeweiligen Versuchstieres erschweren die Aussage, denn — wie betont — man darf den Chlorquotienten des Körpers nicht für konstant und im Einzelfalle für verbindlich halten. In Auswirkung dieses Faktors ist wohl auch wenigstens zu einem Teil die verschiedene Empfindlichkeit für das absolute Maß des Chlorentzuges zu verstehen. Im Rahmen unserer Versuche kommen besonders für die Erklärung des hohen Chlorverlustes bei Hund 6 Erwägungen dieser Art in Betracht. Auch der Vergleich mit den Ergebnissen anderer Autoren ist schwierig, weil der Zustand und insbesondere das Kochsalzgleichgewicht der Versuchshunde von den einzelnen Untersuchern zu Beginn ihrer Dechlorurationsversuche nicht immer übersichtlich definiert wurde. Trotzdem glaube ich als *bemerkenswertes Ergebnis unserer experimentellen Dechlorurierung* herausschälen zu dürfen, *daß größere Chlorverluste ausgehalten werden können, als man bisher anzunehmen berechtigt war.* Diese Behauptung wird wesentlich gestützt durch das Verhalten der Blutchlorwerte, die aber später im Zusammenhang gesondert besprochen

werden. Die Möglichkeit derart hoher Chloreinbußen zu ertragen, ergibt
sich aus den Besonderheiten der Versuchsanordnung. Maßgebend ist
einmal die bis in die letzten Stadien der Dechlorurationsperiode möglichst streng durchgeführte Zuführung einer ausreichenden Nahrungs-
und Flüssigkeitsmenge und zum andern die Methode der planmäßigen,
über längere Zeit gleichmäßig und schrittweise fortgesetzten Chlorentziehung. Der große Einfluß der Ernährung und vor allem der Flüssigkeitsaufnahme auf die Entstehung der chloropriven Azotämie ist hinlänglich
bekannt *(Lim* und *Ni, Hartmann* und *Elman, Dragstedt* und *Ellis)*. Die
Bedeutung der Schnelligkeit, mit der eine Chlorverarmung sich vollzieht,
für den Zeitpunkt des Auftretens bedrohlicher Zustandsbilder wurde
besonders von *Ambard* und seiner Schule betont. In Abhängigkeit von
diesem Faktor besitzt der Organismus offenbar mehr oder minder die
Fähigkeit, sich innerhalb gewisser Grenzen an die veränderte ionale
Situation anzupassen. Die Erfahrung der Klinik bestätigt diese Auf-
fassung. Schnell verausgabte größere Chlormengen können trotz relativ
mäßigen Gesamtverlustes schon in kurzer Zeit zu schwerem Kranksein
mit Azotämie führen, besonders wenn der Organismus durch mangelhafte
Nahrungsaufnahme im Hungerzustand oder ausgetrocknet ist (z. B.
P. Meyer, Mellinghoff). Andererseits wird regelmäßiges Erbrechen
geringen Umfanges trotz erheblichen Kochsalzmangels zuweilen erstaun-
lich lange ohne besonderes Krankheitsgefühl hingenommen.

Unsere Beobachtungen über die Magensaftabscheidung und das Maß der Chlorverarmung im Dechlorurationsversuch ergänzen ältere Angaben von *Rosemann*.
Nach seinen klassischen Feststellungen hört die Magensaftsekretion bei Verlust
von etwa 20% des Körperchlorbestandes auf. Die grundsätzliche Richtigkeit
dieser Ansicht ist schon länger bestritten *(Takata, Jung)* und, seit das Histamin
angewendet wird, steht fest, daß unter Einwirkung dieses Mittels noch bei wesentlich stärkerer Chlorverarmung die Magenschleimhaut zu einer ergiebigen Chlorid-
und Salzsäuresekretion gezwungen werden kann *(Lim* und *Ni, Glass* u. a.).

Unsere Versuche bestätigen diese Ergebnisse in vollem Umfang und
erweitern sie. Magensaftbildung kann unter Histaminreiz selbst bei
Minderung des Körperchlorbestandes um 50% und mehr noch immer in
beachtlichem Umfang stattfinden.

Der *Schwerpunkt unserer Untersuchungen* lag auf dem *Studium der
Rechlorurierungsvorgänge.* Daher war eine Hauptaufgabe unserer Arbeit
die *Verhaltungsweise des Chlorstoffwechsels im Stadium der Kochsalzzufuhr*
festzustellen. Bei den verschiedenen Versuchen wurde die Kochsalzbehandlung in unterschiedlicher Weise geführt. In der folgenden Abb. 1
ist zur übersichtlichen Orientierung schematisch dargestellt, wie in den
einzelnen Versuchen die Kochsalzzulagen gelenkt wurden. Zunächst
sollen die Verhältnisse rein bilanzmäßig betrachtet werden. Alle Daten
finden sich im einzelnen in den vorangesetzten Versuchsprotokollen und
Tabellen.

Hund 2 und 3 erhielten in kurzer Zeit große Kochsalzmengen, vornehmlich in physiologischer Lösung unter die Haut. Beide Tiere bekamen in $1^1/_2$ Tagen insgesamt 11 bzw. 9 g NaCl, davon je 6,5 g im ersten Drittel dieses Zeitabschnittes. Die Chloridzufuhr übertraf also den Chlorverlust während des Versuches erheblich. *Beide Hunde starben am 3. Tage nach Beginn der Kochsalzzufuhr*. Im Harn erschien in der Zeit bis zum Tode kein Kochsalz; wie in den Tagen der Dechloruration enthielt der Urin nur Chlorspuren, die sich nach Milligrammen bemaßen. Praktisch war der ganze Chlorüberschuß im Körper restlos verblieben. Die Chlorspeicherung, also die über den normalen Sollbestand einbehaltene Chlormenge, betrug bezogen auf den gesamten Chlorgehalt des Tieres zu Versuchsbeginn 32,5% für Hund 2 und 7,7% für Hund 3. Aus der Tatsache der Chlorretention an sich kann man bei der Kurzfristigkeit der Rechlorurationsperiode nichts Entscheidendes über eine spezifische Neigung zur Chlorbindung der Gewebe ableiten *(v. Hösslin)*. Das gilt insbesondere für unsere Versuche, weil im Zustand hochgradiger Chlorverarmung die Nierenarbeit funktionell erwiesenermaßen mehr oder minder erheblich geschädigt ist *(Brown* und Mitarbeiter, *McQurarrie* und *Whipple, Dixon, Koch, Mellinghoff, Michelsen)*. Aber die Betrachtung der Blutchlorwerte zeigt mit großer Überzeugungskraft die unmäßige Chlorgier der Gewebe; der Chlorgehalt des Blutes steigt trotz der außerordentlichen Chlorzufuhr nur langsam an und er ist kurz ante exitum noch weit unter der Norm. Man darf aus diesen Befunden wohl schließen, daß die Chlorbindungsfähigkeit der Gewebe bei dem Ableben der Tiere

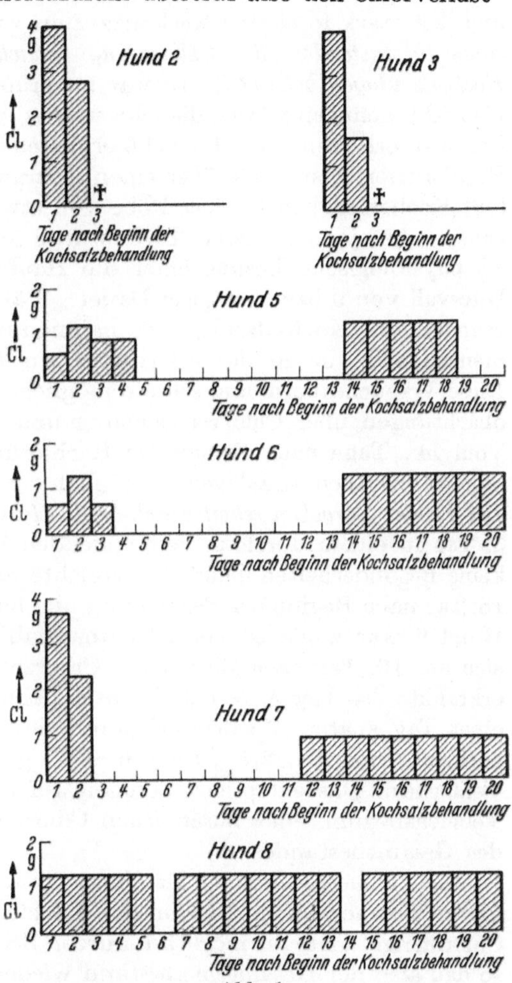

Abb. 1.

durchaus nicht erschöpft war. Die Chlorspeicherung wäre bei einer längeren Lebensdauer der Versuchshunde vielmehr ohne Zweifel noch beträchtlich fortgeschritten.

Im Gegensatz zu dieser ersten Versuchsgruppe mit einer nach Menge und Zeit stark forcierten Kochsalzzufuhr wurden *zwei weitere Hunde mit vorsichtig tastenden, den Chlorentzug zunächst erheblich unterschreitenden Kochsalzzulagen behandelt.* Es war zu prüfen, ob es bei dieser Methode vielleicht gelingen würde, die schwerstens geschädigten Versuchstiere am Leben zu erhalten. Hund 5 und 6 erhielten in einem ersten Abschnitt der Rechlorurierungsperiode über einen Zeitraum von 4 bzw, 3 Tagen verteilt Kochsalzgaben in einer Höhe von etwa 50% des wahren Chlorentzuges. An jedem dieser Tage wurde ein bis höchstens 2 g NaCl als physiologische Lösung unter die Haut infundiert. Dann folgte ein Intervall von 9 bzw. 10tägiger Dauer. Während dieser Zeit erhielten die Hunde keine Kochsalzzulage; sie nahmen nur die geringfügigen Chloridmengen auf, die in der chlorverarmten Grundkost enthalten waren. Diese Versuchsanordnung sollte ermöglichen, in einwandfreier Weise Beobachtungen über Chlorverschiebung und Chlorretentionen anzustellen. Vom 14 . Tage nach Beginn der Rechlorurierung an wurden zur Kost regelmäßig Kochsalzzulagen von täglich 2 g NaCl = 1,21 g Cl zugewogen. *Bei diesem Vorgehen erholten sich beide Hunde*; sie waren am 5. bzw. am 3. Tag in einem durchaus befriedigenden Zustand. Hund 5 zeigte nun keine Besonderheiten mehr. Er erreichte sein Kochsalzgleichgewicht am 18. Tag nach Beginn der Behandlung und blieb in der Folge völlig gesund. Hund 6 war zunächst ebenfalls unauffällig. Die Kochsalzbilanz glich sich am 16. Tag nach Einsatz der Chlorzufuhr aus, aber 4 Tage danach erkrankte das Tier unvermittelt unter Lähmungserscheinungen und starb einen Tag später. Zu dem Zeitpunkt des vollzogenen Bilanzausgleiches enthielt Hund 5 = 2,7 g, Hund 6 = 2,1 g Chlor mehr als zu Anfang des Versuches. Das entspricht, bezogen auf den Chlorgehalt des Tieres zu Versuchsbeginn, einer zusätzlichen Chlorretention von 17,5 bzw. 27,8% des Gesamtbestandes.

Die *Versuchsanordnung bei Hund 7* war *von besonderer Bedeutung* für unsere Betrachtungen. Die in der Dechlorurationsperiode entnommene Chlormenge sollte in möglichst kurzer Zeit quantitativ ersetzt werden, so daß also der Gesamtchlorbestand wieder erreicht wurde, der bei Versuchsbeginn vorhanden war und bei dem sich das Versuchstier in vollkommenem Kochsalzgleichgewicht befunden hatte. Der Chlorverlust des Hundes betrug insgesamt 5,71 g Cl; zugeführt wurde dementsprechend 9,5 g NaCl = 5,75 g Cl, zunächst 4 g, nach 6 Stunden 2,5 g, 12 Stunden später nochmals 4 g Kochsalz, immer in physiologischer Lösung subcutan. Auf die massierte Kochsalzzufuhr folgte ein kochsalzzusatzfreies Intervall von 9 Tagen; in dieser Zeit nahm das Tier nur die geringen Chlormengen unserer chlorverarmten Standardkost zu sich. Vom 12. Tag nach Beginn der Rechlorurierung an wurde täglich fortlaufend 1,5 g NaCl = 0,91 g Cl zugelegt. *Der Versuchshund ertrug die in den ersten 18 Stunden nach Beendigung des Dechlorurationsabschnittes in seinem Körper eingebrachten hohen Kochsalzdosen nach einer schnell vorübergehenden Besserung zunächst sehr schlecht.* Er überstand aber die erneute Verschlimmerung seines Befindens und erholte sich noch im Verlauf der ersten Woche in sehr befriedigender Weise; er ist dann wieder restlos gesund geworden. Die Beobachtung der Chlorausscheidung lehrte, daß das Gleichgewicht des Chlorstoffwechsels erst am 16. Tag nach Beginn der Kochsalzbehandlung erreicht wurde, zu einem Zeitpunkt also an den der Körper 3,8 g Cl über seinen Gesamtchlorbestand bei Versuchsbeginn hinaus einbehalten hatte. Das Tier hatte demnach 35,2% seines anfänglichen Normalchlorgehaltes überschüssig retiniert. Die Kochsalzersatzdosis, d. h. die Zuführung der Chlormenge, die bei der Chlorverarmung dem Körper verloren ging, genügte mithin bei weitem nicht, um die Chlorbilanz des Tieres auch nur annähernd auszugleichen. Die Würdigung der Blutchlorwerte bestätigt das Ergebnis des Bilanzversuches in vollem Umfang. Trotz vollständigen Ersatzes des zuvor verausgabten Chlors bleibt der Blutchlorgehalt nach anfänglichem Anstieg auch weiterhin noch stark gesenkt und auf einem tief pathologischen Niveau einreguliert.

Hund 8 wurde von Beginn der Rechlorurierung an fortlaufend *mit mittleren Kochsalzdosen behandelt.* Er erhielt täglich 2 g NaCl = 1,21 g Cl; am 6. Tag nach Beginn der Behandlung unterblieb die Zufuhr aus äußeren Gründen. Bei dieser schonenden Kochsalzverordnung erholt sich der Hund ebenfalls, zunächst langsam, aber sehr glatt und gleichmäßig. Am 13. Tag nach Einsatz der Kochsalzzuführung ist die Bilanz des Chlorstoffwechsels ausgeglichen. Das Tier hat bis zu diesem Zeitpunkt 37% seines Gesamtchlorgehaltes, so wie er für den Tag des Versuchsbeginns zu berechnen war, zusätzlich im Körper festgehalten.

Bei sämtlichen Versuchen gleichlaufend bemerkenswert war die *Chloridausscheidung im Harn.* In allen Fällen war die Chloridausfuhr im Harn zunächst ganz außerordentlich gering. Sie betrug stets nur Hundertteile eines Gramms und oft sogar weniger als im Endstadium der Dechloruration; in manchen Versuchen sank sie auf nicht mehr exakt meßbare Spuren. Selbst in den Versuchen mit starker Kochsalzüberschwemmung im Initialstadium der Rechlorurierung (Hund 2, 3 und 7) gelangten keine nennenswerten Chlormengen in den Harn. Im weiteren Verlauf der Kochsalzzufuhr hielt sich der Harnchlorgehalt der 24-Stundenperiode unverändert im Rahmen der genannten Größenordnung, um zu einem bestimmten Zeitpunkt fast schlagartig mit einer Steigerung auf das 10- bis 20fache gewaltig zuzunehmen. Im Zeitraum eines Tagesintervalls pflegt sich sodann das Kochsalzgleichgewicht mit höchst auffälliger Unmittelbarkeit einzuspielen, so daß die Chlorabscheidung im Harn der Chloraufnahme

30*

bereits in 1—2 Tagen durchaus entspricht. Von Wichtigkeit ist noch die Beobachtung der Nachperiode des Versuchs. Bei den überlebenden Tieren wurde sie noch etwa eine Woche lang erfaßt. Es ergab sich in allen drei Fällen (Hund 5, 7 und 8), daß die Chlorbilanz während dieser Zeit gut ausgeglichen blieb. Eine vermehrte Chlorabgabe im Sinne einer beginnenden Ausschwemmung der retinierten Chlordepots fand in dieser Zeit in keinem Falle statt. Bemerkt sei schließlich, daß im Stadium der Kochsalzbehandlung die Kotchlorausscheidung den für die Dechlorurationsperiode ermittelten Werten sehr weitgehend entsprach. Die *enterale* Chlorabgabe lag auch hier stets im Bereich des Normalen *(v. Wendt).*

Mit den vorliegenden Bilanzuntersuchungen sind zunächst in eindeutiger Weise die quantitativen Fragen der Chlorretention unter den geschilderten Versuchsbedingungen geklärt. Die Ergebnisse sind von grundlegender Bedeutung. Denn bisher ist nichts Näheres über den Vorgang der Chlorspeicherung nach Salzmangelschäden bekannt, obwohl die Tatsache einer Chlorabwanderung in die Gewebe bei solchen Fällen auf Grund experimenteller und klinischer Beobachtungen mehrfach angenommen wurde *(Hasting, Murray, Haden* und *Orr, Mellinghoff, Kaunitz).* Vereinzelt finden sich auch Teilbilanzen von Patienten, die bedeutende Kochsalzaufnahmen nach gehäuftem Erbrechen beweisen *(Steinitz, Klingner).* Ich habe schon eingangs begründet, wie beschränkt der Wert derartiger Angaben für die exakte Erforschung der Chlorstoffverhältnisse naturgemäß sein muß. *Unsere Versuche lehren* mit Übereinstimmung, *wie außerordentlich groß die Chlorretention nach extremer Dechloruration zu sein pflegt.* In jedem Falle hält der Körper im Verlaufe der Kochsalzbehandlung wesentlich mehr Chlor in seinen Geweben zurück, als er im Rahmen der Chlorverarmung nach außen verlor. Die rechte Vorstellung über das Maß der Chlorspeicherung vermittelt sich erst, wenn man den errechneten Überschuß in Beziehung setzt zu dem Normalbestand des Versuchstieres, der bei erreichtem Bilanzausgleich zu erwarten ist. Da alle Hunde bis zu dem Zeitpunkt des wiedererlangten Kochsalzgleichgewichtes bzw. bis zu ihrem Ableben verglichen mit dem Zustand bei Versuchsbeginn stark an Gewicht verloren hatten, wäre für die Erlangung des normalen Gesamtchlorgehaltes theoretisch nun eine entsprechend geringere Ersatzdosis erforderlich gewesen. Tabelle 14 verzeichnet für jedes Versuchstier die absolute Menge des überschüssig retinierten Chlors, die demnach pro Kilogramm Körpergewicht zusätzlich angesammelte Chlormenge, weiter den nach *Rosemann* errechneten normalen Gesamtchlorbestand der Tiere für den Tag des wieder erreichten Bilanzgleichgewichtes und die auf diesen Zeitpunkt bezogene prozentuale Zunahme des Körperchlorgehaltes, die also als der tatsächliche Maßstab für die erfolgte Chlorretention angesehen werden muß.

Hund 2 und 3 haben für die quantitative Auswertung in bilanzmäßiger Hinsicht keine Bedeutung, denn sie starben vor der Wieder-

Tabelle 14.

	Hund 2	Hund 3	Hund 5	Hund 6	Hund 7	Hund 8
Absolute Chlorspeicherung in g Cl	2,16	0,96	2,74	2,12	3,82	5,14
Chlorspeicherung pro kg Körpergewicht in mg Cl . .	327	107	256	365	502	577
Gesamtchlorbestand in g Cl	7,39	10,08	11,98	6,50	8,71	0,97
Chlorspeicherung in % des Gesamtchlorbestandes . .	29,2	9,5	22,9	32,6	44,9	51,8

herstellung des Kochsalzgleichgewichtes. Die angegebenen Zahlen sind daher aus einer Teilbilanz abgeleitet und haben daher nur orientierenden Wert. Alle anderen Versuche gelten indessen ohne Einschränkung. Bei den einzelnen Fällen ist das Maß der Chlorretention bemerkenswert unterschiedlich. Die prozentuale Zunahme des Körperchlorbestandes streut zwischen 22,9 und 51,5%. Dabei sind die Abhängigkeiten der äußeren Versuchsbedingungen durchaus unübersichtlich. Ohne Zweifel beeinflußt die Menge des erfolgten Chlorentzugs und auch die Art der Kochsalzzufuhr das Maß der Chlorspeicherung; aber die Lesung der Zahlentafeln ergibt, daß unmittelbare und direkte Beziehungen nicht zu bestehen scheinen. Andere, endogen bestimmte Faktoren müssen offenbar zur Erklärung des quantitativ verschiedenen Vollzugs der Chlorretention entscheidend mit herangezogen werden. Sehr einprägsam ist die Art der Kochsalzaufnahme. Das eingegebene Chlorid versackt sogleich quantitativ in den Geweben. Die Sucht zur Chlorbindung bleibt bis zur äußersten Grenze ihrer Aufnahmefähigkeit unverändert groß, um von diesem Zeitpunkt an die weiteren Kochsalzzulagen in durchaus gehöriger Weise unvermittelt zur Ausscheidung frei zu geben, während bis dahin mit dem Harn täglich nur wenige Zentigramm Chlor ausgeschieden wurden. Die große Vordringlichkeit des Gewebshungers für das Chlor besteht also auch für das Speicherungschlor unvermindert fort. Diese Tatsache geht aus den geschilderten Chlorausscheidungsverhältnissen klar hervor; wie noch gezeigt werden soll, zwingt das Verhalten der Blutchlorwerte in gleicher Weise zu dieser Feststellung. Über die Haftungsdauer der gespeicherten Chlorquote im Körper kann nur eine beschränkte Aussage gemacht werden, weil die Nachbeobachtung der Hunde auf eine Woche begrenzt werden mußte. In diesem Zeitraum war in keinem Falle etwas von einem Abfließen der Chlorstapel zu bemerken. Demnach ist das retinierte Chlor mindestens eine Zeitlang fest im Gewebe verankert. Die Chlorspeicherung vollzieht sich ohne Zweifel ganz vorwiegend trocken. Diese Feststellung ergibt sich aus der Beobachtung der Gewichtsbewegung. Denn während der Rechlorurierung haben die Tiere durchweg nicht zugenommen. Wasserbindung in irgendwie nennenswertem Umfang kann daher nicht erfolgt sein. Sie war auch nicht zu erwarten, weil seit *Glass* bekannt ist, daß unter der Voraussetung ausreichender Ernährung und genügender Flüssigkeitszufuhr während der Dechloruration der Exsikkosefaktor keine belangvolle Rolle spielt. Bei der praktisch regelmäßig erhaltenen Gewichtskonstanz während der Kochsalzbehandlung kann ebenfalls kein merklicher Anteil der zugelegten Chlorgaben auf echten Anwuchs entfallen. Man darf bei dieser Sachlage also wohl ohne wesentliche Einschränkung die überschüssig einbehaltenen Chlormengen im weitesten Umfang auf trockene Chlorspeicherung beziehen.

Von besonderer Wichtigkeit für unsere Fragestellung ist die *Feststellung des Verhaltens der einzelnen Versuchstiere in Beziehung zu der jeweils angewendeten Methode der Rechlorurierung.* Die geschilderten Versuchsabläufe geben ein klares Bild der Verhältnisse und erlauben eindeutige Schlußfolgerungen. Hund 2 und 3 wurden unverzüglich mit großen Kochsalzmengen versorgt; beide Hunde starben. Hund 7 erhielt ebenfalls in kurzem Zeitraum eine erhebliche Kochsalzgabe; er versinkt bald danach in einen sehr bedrohlichen Zustand, der indessen überwunden wird. Hund 5, 6 und 8 wurden einschleichend behandelt; alle Hunde erholen sich glatt. Es erhebt sich die Frage, ob die zugrunde gegangenen Hunde schon normalerweise infolge der Art und Höhe der Kochsalzverordnung bedrohliche Schäden davon getragen haben würden. Diese Annahme ist abzulehnen, denn die zugeführten Kochsalzmengen (11 bzw. 9 g NaCl) wären viel zu gering, um bei gesunden Hunden das Bild einer Kochsalzvergiftung hervorzurufen; dabei muß noch besonders bedacht werden, daß von dem zugeführten Kochsalz 6,56 g bzw. 7.35 g zur Substitution der verausgabten Chlormengen erforderlich sind. Eingehende Untersuchungen zur Frage der Kochsalzverträglichkeit des Hundes liegen nicht vor. Aber zum Beispiel aus Versuchen von *Rosemann* geht hervor, daß der normale Hund sehr viel Kochsalz ohne Beeinträchtigung aufzunehmen imstande ist. Er gab über eine Reihe von Tagen regelmäßig annähernd 20 g, einmal sogar 39,5 g NaCl per os, ohne daß das Tier irgendwie erkennbar Schaden nahm. Um unmittelbar vergleichbare Verhältnisse zu haben, behandelten wir 2 Normalhunde in durchaus entsprechender Weise wie Hund 2 und 3; erwartungsgemäß konnten wir nicht die geringsten Nachteile durch die subcutane Infusion der Kochsalzgaben feststellen. Gleichwohl darf man die Höhe der bei Hund 2 und 3 verordneten Kochsalzgaben nicht unterschätzen, denn in weniger als 1 Tag wurden immerhin mehr als $^3/_4$ bzw. $^1/_2$ ihres normalen Gesamtchorbestandes in den Stoffwechsel eingebracht. Hund 7 bekam etwa die gleiche absolute Kochsalzmenge wie Hund 3, aber die zugeführte NaCl-Gabe entsprach damit der während der Dechloruration entzogenen Chlormenge annähernd genau, während bei Hund 3 die Substitutionsdosis um 22,4% überschritten war. In dem Verlaufsbericht über den Versuch mit Hund 7, der sich bei den vorangestellten Protokollen findet, ist aufgezeichnet, wie ausgesprochen schlecht der Hund die massiven Kochsalz-

zufuhren vertrug, und daß er in unmittelbarem Zusammenhang mit den
großen Kochsalzinfusionen wiederholt in tiefe Bewußtlosigkeit mit
keuchend großer Atmung verfiel. Derartige Zustände wurden dagegen
niemals beobachtet, wenn in täglicher Folge kleine Kochsalzdosen von
1—2 g NaCl gegeben wurden (Hund 5, 6 und 8). Vielmehr erweist sich,
daß diese im Vergleich zu dem stattgehabten Chlorentzug geringen Kochsalzdosen bereits das schwere azotämische Endstadium der Dechloruration
sicher aufzuhalten und zu beherrschen vermögen. In jedem Falle gelang
auf diese Weise glatt und ohne irgendwelche Gefährdung die Rückführung
der Tiere ins Kochsalzgleichgewicht; um diese Zeit fanden sie sich trotz
hoher Chlorretention in ihren Geweben, selbst bei zusätzlichen Speiche-
rungen von etwa der Hälfte ihres normalen Gesamtchlorbestandes, bei
bestem Wohlbefinden. Man erkennt aus diesen Darlegungen mit großer
Deutlichkeit eine stark gesteigerte Kochsalzempfindlichkeit der Hunde
im Zustand der extremen Dechloruration; offensichtlich kann der durch
hochgradigen Salzmangel beeinträchtigte Organismus eine plötzliche und
starke Kochsalzeinschwemmung nicht vertragen. Mit der Ursache der
auffällig gesteigerten Giftempfindlichkeit extrem dechlorurierter Tiere
gegen Kochsalz konnte ich mich bisher noch nicht befassen. Erklärungs-
möglichkeiten sind in verschiedener Hinsicht gegeben *(Münzer, Falk,
Rössle, Behrens, Lasch* und *Roller)*. Ich möchte mich indessen einer
hypothetischen Äußerung enthalten, zumal bei dem in vielfacher Hinsicht außerordentlich verschobenen Stoffwechsel unserer Hunde zu
dem kritischen Zeitpunkt die Erfahrungen früherer Untersucher über
den Mechanismus der Giftwirkungen des Kochsalzes nur sehr bedingt
anwendbar sind. Ich möchte auf Grund der klinischen Beobachtung der
Tiere nur darauf hinweisen, daß Verschiebungen im Säure-Basenhaushalt
vermutlich eine bedeutende Rolle spielen; die stets auftretende große
Atmung ist die Folge der Kochsalzschädigung und der Atemtypus im
Endstadium macht die Annahme wahrscheinlich, daß unsere Hunde im
azidotischen Koma starben.

Einer Besprechung bedarf sodann das *Verhalten der Gewichtskurve
der Versuchstiere.* Alle Hunde nahmen im Dechlorurationsstadium beträchtlich ab, besonders stark im Endabschnitt des fortgeschrittenen
Salzentzugs. Bei der ständig gesicherten Nahrungs- und Flüssigkeitszufuhr ist die wesentliche Ursache des Gewichtssturzes in der starken
Gewebseinschmelzung zu erblicken, die als unmittelbare Folge der
außergewöhnlichen Chlorverarmung des Körpers aufzufassen ist *(Glass,
Michelsen* u. a.). In jedem Falle hörte mit dem Tage der Dechlorurierung der weitere Gewichtsabfall auf. Aber es zeigte sich, daß nennenswerte
Zunahmen in der Folge bei keinem der Tiere eintraten. Hund 5, 7 und 8
verminderten sogar ihr Körpergewicht, allerdings in sehr geringem Ausmaß. Es wurde in einem vorhergehendem Abschnitt bereits erwähnt und
eingehend erörtert, daß sich demnach die Chlorspeicherung ohne

bemerkenswerte Wasserbindung vollzieht. Die schlechte Gewichtserholung ist wohl zum wesentlichen Teil auf die starke Allgemeinschädigung der Gewebe durch die erschöpfende Dechloruration zu beziehen. Die Nachwirkungen dieses schweren Zustandes scheinen einen schnellen Wiederaufbau des Körpers nicht zuzulassen. Es ist überdies anzunehmen, daß die bis zum Ende des Versuchs verfütterte künstlich chlorverarmte Standardkost nach ihren qualitativen Eigenschaften keine günstige Aufbaukost ist, selbst wenn die Calorienzufuhr zu schnellem Ansatz ausreicht. Diese Voraussetzung war mindestens bei Hund 5 und 6 in vollstem Umfange gegeben. Die überlebenden Hunde konnten aus äußeren Gründen nicht zu längerer Nachbeobachtung im Versuch bleiben; es zeigte sich, daß sie nach der Entlassung in den allgemeinen Hundezwinger auch bei freier Abfallkost erst nach mehreren Wochen ihr ursprüngliches Gewicht wieder erreicht oder überschritten hatten.

Chlorbewegungen im Blut.

Die Möglichkeit auf einfache Weise den Blutchlorgehalt bestimmen zu können, hat die Kenntnisse über die Verhältnisse des Chlorstoffwechsels naturgemäß außerordentlich erweitert und vertieft. Es ist indessen keineswegs möglich, sich auf Grund der ermittelten Werte etwa ohne weiteres ein klares Bild über den tatsächlich vorliegenden Zustand des Chlorhaushaltes im Einzelfall zu machen. Die Senkung des Blutchlorspiegels im Dechlorurationsversuch hat keinerlei direkte und regelmäßige Beziehung zu dem Ausmaß des erlittenen Chlorverlustes *(Lim* und *Ni)* und aus der Klinik sind Fälle mit normalem Blutchlorgehalt trotz erheblicher allgemeiner Chlorverarmung bekannt *(P. Meyer)*. Andererseits kommt Hypochlorämie bei unbeeinträchtigtem Chlorbestand des Gesamtkörpers vor *(Meyer-Bisch)* und hauptsächlich die französische Klinik hat festgestellt, daß bei Nierenkranken sogar trotz vermehrten Chlorgehaltes der Gewebe eine bedeutende Minderung der Blutchloride bestehen kann *(Laudat)*. Blutwerte sind das Ergebnis einer Anzahl von Einwirkungen und Regulationen verschiedener Art. Die Bedingungen, die für die Einstellung des Blutchlorspiegels verantwortlich sind, lassen sich indessen durchaus nicht in jeder Richtung eindeutig definieren und in ihrer anteiligen Bedeutung festlegen. Von wesentlicher Wichtigkeit in diesem Zusammenhang ist z. B. die Beeinflussung des Blutvolumens als einer Funktion des Hydratationsgrades, denn bei gleichem Elektrolytgehalt steigt oder sinkt die prozentische Konzentration entsprechend dem größeren oder geringeren Wassergehalt. Besondere Beachtung verdient aber vor allem die Wechselbeziehung zu den Geweben des Körpers, aus denen Chlor in die Blutbahn einfließen kann, die andererseits aber auch aus dem Blut Chlor aufzunehmen und zu binden vermögen. Der Einblick in die Gewebsvorgänge wird außerordentlich erschwert durch die Unmöglichkeit einer direkten Bestimmung der Chlorimprägnation des

Organismus. Eine wesentliche Bedeutung in der Bemühung zur Klärung dieser Zusammenhänge gewann die getrennte Bestimmung der Chloride im Blutplasma und in den Erythrocyten; beide Werte gehen durchaus nicht immer Hand in Hand.

Nach dem Vorgang von *Ambard* bürgerte es sich weithin ein, aus dem *Chlorgehalt der roten Blutkörperchen* auf die Chlorfüllung des Organismus im allgemeinen zu schließen. Besonders die französische Schule legte großen Wert auf diese Betrachtungsweise und wies auf ihre große praktische Bedeutung für die Klinik hin (*Ambard, Blum, Rathery, Lemierre* und Mitarbeiter). Es ist indessen fraglich, ob der Chlorgehalt der roten Blutkörperchen generell ein Maßstab für den Chlorgehalt des Gesamtkörpers sein kann. Nach *Rudolf* kommt trotz totaler Hypochlorämie, d. h. trotz Chlorverminderung in Plasma und Erythrocyt, normaler und sogar erhöhter Chlorgehalt in Körpergeweben vor. In ähnlicher Richtung ist wohl auch die Beobachtung von *F. Schmitt* zu verstehen, daß die roten Blutkörperchen Carcinomkranker trotz großen Kochsalzangebotes und sogar normalen Chlorspiegels nicht imstande sind, ihren regelrechten Chlorgehalt wieder zu erreichen; *Schmitt* erklärt dies Verhalten mit Permeabilitätsveränderungen der Erythrocyten. Bei azidotischen Zuständen nimmt unbestritten der Chlorgehalt der roten Blutkörperchen zu; es ist indessen gemäß der Anschauung von *Hastings* über die Chlorimpermeabilität der Gewebszellen zweifelhaft, ob damit gleichlaufend eine allgemeine Steigerung des Chlorgehaltes der Gewebe erfolgt. Nach *Kerpel-Fronius* schließt demnach eine Erhöhung des Erythrocytenchlors bei gleichzeitiger plasmatischer Hypochlorämie keineswegs sicher Salzmangel aus.

Man sieht, daß also die Kenntnisse über die Beziehungen der Blutchloride zu dem Chlorgehalt des Gesamtkörpers noch in mancher Hinsicht lückenhaft und unsicher sind. Eine Erweiterung unseres Wissens auf diesem Gebiet ist indessen dringend erwünscht, denn abgesehen von der rein wissenschaftlichen Bedeutung sind diese Fragen von großer und unmittelbarer Wichtigkeit für die Klinik. Gute Bilanzversuche sind geeignet, die Einsicht in die hier besprochenen Zusammenhänge wesentlich zu fördern. Die Auswertung der im Rahmen unserer Experimente fortlaufend untersuchten Blutwerte mußten in besonderem Maße aufschlußreich sein, weil Untersuchungen mit ähnlicher Fragestellung und gleicher Vollständigkeit bisher nicht durchgeführt sind.

Auf eine eingehende Besprechung der Plasmachlorwerte im Dechlorurationsabschnitt der Versuche kann verzichtet werden, weil eine genügende Anzahl derartiger Analysen bei ähnlichen Untersuchungen vorliegt und weil die Verhältnisse in dieser Richtung damit hinreichend geklärt sind *(Lim* und *Ni, Ambard* und Mitarbeiter, *Glass).* Unsere Ergebnisse sind aber insofern bemerkenswert, als *im Endstadium der Chlorverarmung durchweg ungewöhnlich tiefe Senkungen des Plasmachlorspiegels* erfolgt waren. Die ermittelten Werte unterschreiten die bisher im Schrifttum mitgeteilten niedrigsten Zahlen bisweilen deutlich; z. B. fanden wir bei Hund 2 als untersten Grenzwert einen Chloridgehalt von 142 mg-% Cl im Plasma. Der überhaupt niedrigste Plasmawert, den ich in der mir zugänglichen Literatur finden konnte, ist von *Hoff* bei einem Menschen nach erschöpfendem Erbrechen ermittelt worden; er beträgt 173 mg-% Cl.

Der extreme Tiefstand des Plasmachlorspiegels am Ende der Dechlorurationsperiode unserer Versuche verdient erhöhte Beachtung, weil es sich ja in keinem Falle um eine unmittelbar tötliche Chlorverarmung handelte. Bei allen Hunden sanken die Plasmachloride auf einen Wert, der mehr oder weniger erheblich unter der Hälfte des Ausgangswertes lag. Die Senkung des Plasmachlorgehaltes war meist deutlich größer, als nach der errechneten Minderung des Gesamtchlorbestandes zu erwarten war. Eine direkte Beziehung zu der Höhe des Chlorverlustes besteht dabei nicht, wie z. B. ein Vergleich der bei Hund 3 und 6 ermittelten Größen beweist. Wir müssen daher im Gegensatz zu *Glass* feststellen, daß auch bei reinen Dechlorurationszuständen die Plasmachlorwerte zwar wohl einen wesentlichen Anhalt, aber im einzelnen Falle keineswegs immer ein annähernd richtiges Bild über den Grad der Chlorverarmung des Organismus zu geben imstande sind. Die starke Herabsetzung des Plasmachlorspiegels entsprach dem ungewöhnlich hohen Grad des Chlorverlustes, der — wie betont wurde — in diesem Ausmaß bisher ebenfalls nicht bekannt war. Die Umstände, die diese starke Dechlorurierung ermöglichten, sind besprochen. Zum Verständnis der außerordentlich tiefen Plasmawerte muß auf das sehr geringe Maß der Dehydratation bei unserer Versuchsanordnung in diesem Zusammenhang nochmals besonders hingewiesen werden. Denn bei Dechlorurationszuständen führt sonst regelmäßig eine begleitende Exsikkose zu einer Verminderung des Blutwassers; eine mehr oder weniger stark ausgeprägte Bluteindickung mindert und verwischt so gewöhnlich das Maß der wahren Hypochlorämie. Dieser Vorgang tritt aber bei den von uns gewählten Versuchsbedingungen weitgehend zurück, so daß wir die Hypochlorämie vielmehr in ihrem unverfälschten Tiefstand erfaßten. Wie wenig der Wassergehalt des Blutes unter der Voraussetzung ausreichender Nahrungs- und Flüssigkeitszufuhr selbst im Endstadium extremer Chlorverarmung beeinflußt ist, wurde von *Glass* experimentell einwandfrei nachgewiesen. Daß eine *Bluteindickung* bei unseren Hunden *keine irgendwie maßgebliche Rolle* spielt, geht auch klar aus dem Verhalten der Hämatokritwerte hervor. Gleichzeitig mit dem Plasmachlorid verminderte sich in allen Fällen der *Chloridgehalt der Erythrocyten*, aber es zeigte sich, daß die roten Blutkörperchen im Verhältnis wesentlich stärker an Chlor verarmten. Besonders im Endstadium der Dechloruration entleerten sich die Erythrocyten erheblich, mehrfach auf weniger als ein Drittel ihres normalen Chlorgehaltes. Dabei besteht zwischen dem Maß der prozentualen Chlorabnahmen im Plasma und in den roten Blutzellen kein festes Verhältnis. Die Chlorverarmung der Erythrocyten war in ihrem Ausmaß vielmehr recht wechselnd. Unter den verschiedenen regulatorischen Kräften, die diesen Vorgang beeinflussen, ist wahrscheinlich das Verhalten des Säurebasenhaushaltes von besonderer Bedeutung. Als niedrigster Erythrocytenchlorwert wurde ein Chlorgehalt von 51 mg-% ermittelt; zu einem vollständigen Chlorverlust der roten Blutkörperchen kommt es also auch im Zustand des äußersten Chlorhungers niemals. Abschließend kann festgestellt werden, daß die *roten Blutkörperchen im Dechlorurationszustand mehr Chlor verlieren als das Blutplasma und die Gewebe.* Der Erythrocytenchlorgehalt vermag keine nähere Kenntnis über das Maß des allgemeinen Salzmangels zu vermitteln. Der Erythrocyt spiegelt in diesen Fällen die Chlorimprägnation der Gewebe noch undeutlicher und verzerrter als das Plasma.

Besondere Beachtung verdiente im Hinblick auf unsere engere Fragestellung das *Studium der Blutchlorbewegungen in Beziehung zu den Ergebnissen der Chlorbilanz im Stadium der Rechlorurierung.* Unsere Feststellungen waren in allen Versuchen grundsätzlich übereinstimmend überaus auffällig: der Anstieg des Blutchlorgehaltes blieb in allen Fällen, gleich viel wie die Kochsalzzuführung nach Menge und zeitlicher Zuordnung geleitet war, hinter dem Maß der allgemeinen Rechlorurierung immer sehr deutlich, zum Teil ganz beträchtlich zurück. Besonders eindrucksvoll ist dieses Ergebnis bei den Versuchen mit Hund 2, Hund 3 und Hund 7. In den beiden ersten Fällen wurde weit mehr Kochsalz gegeben, als die Tiere insgesamt an Chlor eingebüßt hatten, Hund 7 war annähernd genau auf seinen ursprünglichen Gesamtbestand zurückgeführt worden. Es war also bei allen drei Tieren zu erwarten, daß sich der Blutchlorspiegel etwa auf das Niveau seines ursprünglichen Ausgangswertes einstellen würde. Demgegenüber erfolgte indessen nur ein Anstieg auf Blutwerte, die weit unter dem unteren Grenzwert der Norm lagen. Der Plasmabestand füllte sich nur auf 70—80% der ursprünglichen Werte auf, während die Erythrocyten bei Hund 3 Normalwerte, bei Hund 2 und 7 dagegen nur die Hälfte bzw. $^2/_3$ des Normalbestandes erreichten. Das Mißverhältnis zwischen dem Blutchlorgehalt und dem Gesamtchlorgehalt des Körpers wird besonders deutlich, wenn man bedenkt, daß Hund 2 und 3 um diese Zeit rund 32% bzw. 8% mehr Chlor enthielten als beim Eintritt in den Versuch. Das Nachschleppen der Blutchlorwerte hinter den Grad der allgemeinen Rechlorurierung war bei den anderen Versuchstieren, die mit kleineren Kochsalzzülagen und langsam fortschreitend behandelt waren, weniger einprägsam. Aber auch diese Hunde zeigen alle unverkennbar ein grundsätzlich gleichartiges Verhalten. Die wirklich vorliegenden Verhältnisse werden erst richtig verdeutlicht, wenn man bedenkt, daß wegen der beträchtlichen Gewichtsabnahme der Tiere die tatsächlich nötige Kochsalzdosis bis zur Erreichung eines normalen Gesamtbestandes nunmehr wesentlich geringer ist als der Menge des verlorenen Chlors entspricht. Wenn man nach *Rosemann* pro Kilogramm Körpergewicht des Hundes 1,112 g Cl rechnet, so würde z. B. der Hund 5 seinen Normalchlorbestand bereits bei einem Plasmachlorwert von 319 mg-% erreicht haben. Solange der Körper noch zusätzlich Chlor retiniert, bleiben die Blutchlorwerte unternormal, aber sie steigen währenddessen allmählich fortschreitend an; in dieser Zeit ruht die Harnchlor-

ausscheidung noch praktisch vollkommen. Erst wenn der Speicherungsvorgang sich vollendet, erreicht der Plasma- und Erythrocytenchlor-
spiegel wieder einen normalen Stand. Unmittelbar danach, spätestens
in 1—2 Tagen, setzt die Chloridausscheidung im Harn in der besprochenen
Weise in vollem Umfang ein. Wo eine Nachbeobachtung möglich war,
wurde trotz der übermäßigen Chlorimprägnation des Gesamtorganismus
in keinem Falle eine nennenswerte Hyperchlorämie gefunden; die ermittelten Plasma- und Erythrocytenchlorwerte waren vielmehr durchweg noch
als normal zu bezeichnen. Der Chlorgehalt der Erythrocyten steigt mit
den Plasmawerten allmählich an und erreicht gelegentlich deutlich früher,
spätestens gleichzeitig mit dem Plasma den Normalspiegel. Die Chlorauffüllung der roten Blutkörperchen vollzog sich nach Grad und Schnelligkeit weitgehend unabhängig von dem Anstieg des Plasmachlors, im
ganzen ungleichmäßiger, besonders in späteren Stadien der Rechloruri-
rung meist prozentual erheblich stärker. Trotz der späterhin erheblichen
Chlorspeicherung im Gewebe konnten niemals eindeutig übernormale
Erythrocytenchlorwerte festgestellt werden. Auch für das Rechlorurationsstadium gilt also, daß der Erythrocytenchlorgehalt kein besserer
Maßstab für den Grad der allgemeinen Chlorauffüllung ist als der Plasmachlorgehalt. Trotz übernormalen Gesamtchlorbestandes können beide
Werte unternormal sein. In beiden Substraten werden die Chlorwerte
erst dann normal, wenn die Chloraufnahmefähigkeit des Organismus
erschöpft ist.

Die Beobachtung der Blutwerte in Verbindung mit den Ergebnissen
der allgemeinen Chlorbilanz kennzeichnet in eindrucksvoller Weise das
Ausmaß der starken Chlorgier der Körpergewebe. Von Beginn der Rechlorurierung an reißen sie das zugeführte Chlor mit großer Begehrlichkeit
unter Beeinträchtigung einer gleichlaufenden Wiederherstellung des Blut-
chlorbestandes an sich, so daß der Chlorwert im Blut ständig zugunsten
der Gewebschloruration hinter dem Maß der allgemeinen Chlorauffüllung
zurückbleiben muß. Selbst nach Wiedergewinnung dieses normalen Gesamtchlorgehaltes des Körpers bleibt das Chlorbindungsbedürfnis der
Gewebe so mächtig, daß sich auch die folgende Chlorspeicherung noch
zum Teil auf Kosten des Blutchlorgehaltes vollzieht. Trotz überschüssiger
Chlorretention besteht bis zur vollständigen Erschöpfung der Chloraufnahmefähigkeit der Gewebe totale Hypochlorämie mit Chlorunterbestand in Plasma und Erythrocyten. Dieses gesetzmäßige Verhalten
erkennt man in besonders einprägsamer und übersichtlicher Weise bei
der Versuchsanordnung des Hundes 7. Über das Vorhandensein einer
Gewebschlorspeicherung (Hyperchlorie tissulaire) bei pathologischem
Tiefstand des Chlorspiegels in Plasma und Erythrocyten (Hypochlorémie
totale) war bisher wenig Sicheres bekannt. Nur *Rudolf* hat zu dieser
Frage stichhaltiges Material beigebracht und die Existenz dieses Vor-
kommnisses wahrscheinlich gemacht. Er bezieht sich dabei auf zwei

positive Fälle des französischen Schrifttums mit gleichzeitig durchgeführten Gewebsanalysen. Unsere Feststellungen beweisen nun das Vorkommen einer totalen Hypochlorämie bei Gewebschlorspeicherung in bestimmten Stadien des Rechlorurierungsvoganges nach erschöpfender Chlorverarmung und zeigen die Gesetzmäßigkeiten dieses Geschehens. In diesem Zusammenhange verdienen die Beobachtungen *Klingners* Erwähnung, weil seine Angaben geeignet sind, unsere experimentellen Befunde aus der klinischen Erfahrung heraus zu bestätigen. Er fand bei der Kochsalzbehandlung von Kranken mit profusem Erbrechen regelmäßig, daß der Serumchloranstieg mit dem Maß der beträchtlichen Kochsalzzufuhr nicht Schritt halten konnte, sondern bedeutend nachhinkte. Wenn auch die von *Klingner* gegebene Teilbilanz naturgemäß nichts Näheres über den Grad der insgesamt erfolgten Chlorverarmung aussagen kann, so sind bei dem hohen Maß der zugelegten Kochsalzgaben seine Befunde doch wohl eindeutig im Sinne unserer Feststellungen zu erklären.

Zur näheren Kenntnis der *Chlorbindung in den Geweben* liefern die folgenden Beobachtungen einen wichtigen Beitrag. Hund 5, 6 und 7 wurden nach einer ersten Periode der Kochsalzzufuhr für 9 bzw. 10 Tage kochsalzzulagefrei gehalten. Am Ende der initialen Kochsalzgaben waren die Blutchlorwerte in allen Fällen noch stark pathologisch gesenkt, entsprechend unseren Ausführungen, in den vorherstehenden Abschnitten wesentlich stärker, als dem Stand der absoluten Chlorauffüllung entsprochen hätte. In den ersten Tagen der kochsalzfreien Zwischenperiode hob sich der Plasmaspiegel merklich, ohne aber annähernd die Quote zu erreichen, die dem Zustand der allgemeinen Rechlorurierung gleichgekommen wäre. Dieser Blutchlorspiegel wurde in allen Fällen bis zum Ende des kochsalzzusatzfreien Intervalls unverändert beibehalten. Zu einem Ausgleich des Mißverhältnisses zwischen dem Gesamtchlorbestand des Körpers und den Blutchlorwerten war es also in dieser Zeit durchaus nicht gekommen. Hund 7 z. B., der durch den initialen Kochsalzstoß auf seinen ursprünglichen Normalbestand gebracht war, hatte immer noch den bemerkenswert niedrigen Plasmachlorwert von 323 mg-% Cl; ähnlich liegen bei entsprechender Berechnung die Verhältnisse bei Hund 5 und 6. Wie gezeigt wurde, normalisiert sich im weiteren Verlauf der Kochsalzbehandlung der Blutchlorspiegel erst etwa um die Zeit, zu der die Chloraufnahmefähigkeit der Gewebe erschöpft ist; Hyperchlorämie kommt trotz der stattlichen Chlorspeicherung nicht vor und in der allerdings begrenzten Periode der Nachbeobachtung werden die abgelagerten Bestände auch nicht ausgeschwemmt Diese Befunde sind nur verständlich, wenn man mindestens für einen Teil der eingeführten Chlormengen eine von Anfang an vorläufig feste Bindung in den Geweben annimmt Das eingebrachte Chlor wird unter den vorliegenden Bedingungen offenbar wenigstens teilweise für eine gewisse Zeit in bestimmten

Gewebsräumen abgelagert, ohne sich wesentlich am Kreislauf des allgemeinen Stoffwechselgeschehens beteiligen zu können. Aus diesem Grunde steht selbst im Stadium des manifesten Salzmangelzustandes nicht die volle Menge des eingegebenen Chlors zur Regulation des chlorverarmten Organismus zur Verfügung; auf diese Weise entsteht das auffällige Mißverhältnis zwischen der allgemeinen Chloruration des Organismus und dem Stand der Blutchlorwerte während der Rechlorurierung. Die zusätzlich aufgenommene Speicherungsquote liegt anscheinend zunächst ebenfalls gut verankert und unbeteiligt an den Vorgängen des Chlorstoffwechsels in dem Gewebe fest. So kann sich nach Absättigung des Chlorspeicherungsvermögens der Gewebe das Kochsalzgleichgewicht als nebengeschalteter Vorgang unbeeinflußt in der früher beschriebenen Weise einspielen. Die Ausscheidung des gewebsfixierten Speicherchlors vollzieht sich in der Folge nur langsam. In unseren Fällen war in der ersten Woche nach Wiederherstellung des Kochsalzgleichgewichtes der Abstrom aus den retinierten Chlordepots noch nicht in Gang gekommen. Diese Verhältnisse scheinen aber in Abhängigkeit von äußeren Umständen zu wechseln, denn bei der Beobachtung von *Klingner* wurde anfangs retiniertes Chlor bereits wenige Tage später wieder zum größten Teil abgegeben; wahrscheinlich ist der Grad des Chlorverlustes durch die damit verbundene Gewebsschädigung von entscheidendem Einfluß. In *Klingners* Fall spielte überdies interkurrent eine Pneumonie.

Chlorbewegungen im Gewebe.

Von besonderer Wichtigkeit für ein besseres Verständnis der Physiologie und Pathologie des Stoffwechsels wäre ganz allgemein eine eingehende Kenntnis des Verhaltens der Gewebe. Aber gerade auf diesem Gebiet stößt die Forschung aus verschiedenen Gründen auf außerordentliche Schwierigkeiten. Zur fortlaufenden Untersuchung beim Lebenden sind Gewebsteile naturgemäß kaum zugänglich. Das einzige Organ, das vermöge seiner Ausbreitung an der Oberfläche des Körpers verhältnismäßig leicht erreichbar ist, ist die Haut. Die Haut des Hundes enthält nach *Wahlgren* etwa den dritten Teil des Gesamtchlorbestandes des Körpers, obwohl sie nach den Feststellungen von *Ranke* und *Custor* im Durchschnitt nur 16,11% des Körpergewichtes wiegt. Durch die grundlegenden Untersuchungen von *Wahlgren* und *Padtberg*, die vielfache Bestätigung fanden, ist die große Bedeutung der Haut als Chlorspeicher sichergestellt. Fütterungs- und Entziehungsversuche haben die bedeutungsvolle Stellung der Haut bei der Regulation des Chlorstoffwechsels immer wieder erkennen lassen. In etwas überspitzter Formulierung bezeichnet *Winter* die Haut als ein latentes Reservoir, einen großartigen Puffer wechselnder Mineralangebote, die für den Salzstoffwechsel etwa die Rolle zu übernehmen vermöge, die das Fettgewebe für den Energiebedarf spiele. Bei dieser Sachlage verspricht unter den verschiedenen Geweben des Körpers gerade die Untersuchung der Haut besondere Einblicke in die Vorgänge des Chlorstoffwechsels. Die Bedeutung dieser Untersuchungen wird indessen aus mehreren Gründen nicht unwesentlich eingeschränkt. Gleiche Gewebsteile verschiedener Individuen sind bei weitem nicht miteinander identisch; ihr struktureller Aufbau unterliegt vielmehr erheblichen individuellen Schwankungen, die begreiflicherweise die Chlorfüllung der Substanz stark beeinflussen können. Unter der Einwirkung exogener und endogener Einflüsse sind zu verschiedenen Zeiten auch bei dem gleichen Organismus Änderungen aus dieser Ursache möglich. Von großer Bedeutung für die gewebschemische Entwicklung ist sodann der unkontrollierbar wechselnde Blutgehalt, zumal das Blut weitaus der chlorreichste Bestandteil des Körpers zu sein pflegt. Anhaftende Gewebsreste der Umgebung können schließlich das gewonnene Analysenresultat unter Umständen bemerkenswert verschieben. Diese allgemeinen Erwägungen über die Beurteilung der Gewebsanalysen gelten in besonderem Maße für die Haut, die bei intensiver Durchblutung überaus inhomogen zusammengesetzt ist. Als Fehlerquelle kommt gerade in diesem Sonderfall die oft unvermeidbare Mitbestimmung kleiner Fettquanten in Betracht, denn die einwandfreie präparative Trennung der Cutis von dem subcutanen Fettgewebe bereitet einige Schwierigkeiten. Die Ergebnisse der vergleichbaren Hautchlorbestimmungen streuen diesen Gegebenheiten entsprechend auch abgesehen von chemisch-methodischen Bedingtheiten selbst in der Hand desselben Untersuchers in ziemlich weiten Grenzen. Wie sehr die Angaben über die *Normalwerte der Hundehaut* schwanken, soll die nebenstehende Zusammenstellung verdeutlichen.

In den Tabulae Biologicae werden als Grenzwerte des Schrifttums 145 und 376 mg-% Cl wiedergegeben. Die bei verschiedenen Tieren erhaltenen Werte sind demnach nicht unmittelbar miteinander vergleichbar. Werden indessen bei demselben Hund wiederholt

	mg Cl in 100 g Frischgewebe
Nencki	145
Wahlgren	290
	478
	368
	368
Padtberg	261
	265
	351
	354
	271
White und *Bridge* . . .	227
Dogliotti und *Mairano* .	149
Winter	125

und zu verschiedenen Zeitpunkten Proben entsprechender Hautregionen analysiert, so findet sich ihr Chlorgehalt größenordnungsmäßig in einer Spanne, die es durchaus gestattet, die gewonnenen Resultate zueinander in Beziehung zu setzen. Diese Tatsache ergab sich schon aus den Versuchen von *Wahlgren* und *Padtberg* und auch unsere Ergebnisse bezeugen diese Feststellung. Die Schwankungsbreite der Hautchlorwerte verschiedener Tiere beruht also wohl hauptsächlich auf individuell begründeten Unterschieden des Hautgefüges. Bei gleichmäßigem Arbeiten an demselben Versuchstier darf man demnach bei aufeinanderfolgenden Untersuchungen trotz voller Würdigung der größeren Fehlerbreiten auf dem wechselnden Ergebnis der Hautchlorbestimmung doch immerhin wesentliche Anhaltspunkte über die wirklichen Veränderungen der Hautchlorbestände erwarten.

Um einen Einblick in den Mechanismus der Chlorverschiebungen im Rahmen unserer Versuche zu gewinnen, haben wir *an einigen markanten Punkten im Stoffwechselgang eines jeden Experimentes Hautentnahmen zur Chloranalyse* vorgenommen. Wir entnahmen in der eingangs beschriebenen Weise zunächst Hautproben bei Beginn der Dechloruration nach Einstellung der Tiere auf die kochsalzfreie, chlorverarmte Standardkost, dann im Zustand des extremen Salzmangels unmittelbar vor Einsatz der planmäßigen Kochsalzbehandlung und nochmals am Ende der Rechlorurierung nach Wiederherstellung des Kochsalzgleichgewichtes; nur gelegentlich fügten sich Zwischenuntersuchungen ein. Wenn dem Versuch eine Nachbeobachtung folgte, wurde schließlich zum Abschluß der Nachperiode abermals eine Hautbestimmung durchgeführt.

Die *Normalwerte unserer Tiere*, die sich also auf Ermittlungen nach Einstellung auf die kochsalzzusatzfreie Standardkost beziehen, *lagen zwischen 140 und 224 mg Cl in 100 g Cutis.* Während der Dechloruration minderte sich der Hautchlorgehalt, um schließlich im extremen Salzmangel nach Abschluß der forcierten Chlorentziehung auf reichlich $^2/_3$ bis etwa $^1/_2$ des Ausgangswertes abzufallen. Es ist bei der Bedeutung, die man der Haut für den Chlorstoffwechsel des Körpers zumißt, von Wichtigkeit, sich ein Bild davon zu machen, in welchem Umfang die Haut an dem Gesamtchlorverlust beteiligt ist. Man kann eine derartige Berechnung nur überschlägig machen. Ich beziehe mich dabei auf den Vorgang von *Wahlgren* und *Padtberg*, der allgemein anerkannt wurde und unseren heutigen Anschauungen über die Funktion der Haut als Chlordepot zugrunde liegt. Danach wird als Gewicht der Cutis des Hundes 16, 11% des Gesamtkörpergewichtes eingesetzt *(Ranke* und *Custor)* und die Voraussetzung gemacht, daß die Chlorverteilung in der Haut gleichmäßig ist. Es ist aber seitdem bekannt, daß der Hautchlorgehalt regionär schwankt *(Urbach, Winter)*, so daß noch die hierdurch bedingte Ungenauigkeit in die Fehlerbreite der Berechnung einzubeziehen ist. Die in der folgenden Tabelle 15 wiedergegebenen Zahlen für den *Chlorgehalt der Gesamtcutis* und die davon abgeleiteten Rechnungen haben also mehr oder minder den Rang guter Schätzungen. Sie sind aber immerhin geeignet, uns mindestens über das Grundsätzliche der Verhältnisse zu unterrichten.

Man erkennt aus den angegebenen Zahlen, daß die *Haut an den Chlorverlusten des Körpers stark beteiligt* ist. Alle Hunde mit Ausnahme von Hund 6 geben deutlich mehr Chlor aus der Haut ab, als ihrem Anteil am Gesamtkörpergewicht entspricht. 3 Tiere schöpfen aus der Haut rund

Tabelle 15.

	Hund 2	Hund 3	Hund 5	Hund 6	Hund 7	Hund 8
Absoluter Chlorentzug in g Cl	4,44	4,46	6,70	4,70	5,71	7,22
Davon entstammen						
aus der Haut g Cl . . .	1,032	1,198	1,939	0,745	1,157	1,419
aus dem Restkörper g Cl	3,408	3,262	4,761	3,950	4,552	5,797
Prozentual ausgedrückt						
aus der Haut	23,2%	26,9%	29,0%	15,9%	30,3%	19,7%
aus dem Restkörper . . .	76,8%	73,1%	71,0%	84,1%	79,7%	80,3%

$^1/_3$, 2 Hunde etwa $^1/_4$ bzw. $^1/_5$ des abgeflossenen Chlors. Es erhebt sich nun die Frage, inwieweit man aus diesen Angaben eine besondere Inanspruchnahme der Haut zu einem besseren Ausgleich der erlittenen Chlorverarmung ableiten soll. Bei dieser Überlegung ist zu bedenken, daß die Haut ein ausgesprochen chlorreiches Organ ist. Nach *Wahlgren* enthält sie bei normaler, salzreicher Kost etwa $^1/_3$ des gesamten Körperchlorbestandes. Da sich unsere Ausgangswerte auf kochsalzzusatzfrei eingestellte Hunde beziehen, muß man für die Haut dieser Versuchstiere einen geringen Chlorgehalt annehmen *(Winter)*. Aber nach übereinstimmender Feststellung trägt die Haut auch bei salzarmer Kost stets noch weit überdurchschnittliche Mengen des Gesamtkörperchlors. Wenn man nun annimmt, daß der Körper seine Chlorbestände in den einzelnen Geweben prozentual gleichmäßig vermindert, so wird man erwarten müssen, daß also die Haut entsprechend ihrem hohen Chlorgehalt absolut viel Chlor abgeben wird. Bei dieser Betrachtungsweise kann man der Haut nach unseren Feststellungen aber keine wesentlich maßgebliche funktionelle Sonderstellung vor anderen Geweben einräumen Dieser Beobachtung entspricht die Tatsache, daß die Hautchlorwerte gemäß der in unseren Versuchen durchgängig erzwungenen Verminderung des Gesamtchlorbestandes um rund die Hälfte ebenfalls im Rahmen dieser Größenordnung absinken. Gegen die Annahme einer puffernden Wirkung der Haut spricht vor allem auch die Betrachtung des Blutwertes. Die Blutchloride sinken bei wirksamer Dechloruration schon verhältnismäßig frühzeitig ab, regelmäßig mindestens zu einer Zeit, während der die Hautchlorbestände — wenn sie mobil und zum Ausgleich bereit ständen — noch ohne Mühe ein normales Blutchlorniveau, an dem der Körper sonst so zähe festzuhalten bestrebt ist, sicherstellen könnten. Im Endstadium der Chlorverarmung sind schließlich die Blutchlorwerte entsprechend dem Grad der allgemeinen Reduktion des Körperchlorbestandes relativ ungefähr in dem gleichen Ausmaß, vielfach sogar deutlich stärker gesenkt wie der Hauptchlorbestand. Nach *Wahlgren* enthält das Blut 12,44% des Körperchlors bei einem Gewichtsanteil von 7%. Roh gerechnet deckte das Blut in unseren Fällen 10—14% der Gesamtchloreinbuße. Es beteiligt sich also ebenso wie die Haut nach Maßgabe seines Chlorgehaltes in etwa erwartungsgemäßem Hundertsatz an der erfolgten Chlorabgabe. Aus Haut und Blut stammt insgesamt etwa rund 30—40% des entzogenen Chlors. Der Restkörper liefert also trotz seiner Zusammensetzung aus meist viel chlorärmeren Geweben wegen seiner weit überwiegenden Masse den wesentlich größeren Teil des absoluten Chlorverlustes. Es ist nach den Erfahrungen über die Chlorabgabe aus Haut und Blut vielleicht erlaubt mit einiger Wahrscheinlichkeit anzunehmen, *daß sich auch hier die einzelnen Gewebe ihrem Chlorgehalt entsprechend anteilig an der Chlorabgabe beteiligen.* Diese Vermutung wird gestützt durch das Ergebnis der Organchlorbestimmungen nach Dechlorurationstod, die von *Glass* durchgeführt worden sind. Er nennt allerdings für den Muskel Chlorverluste von 60—74%, aber *Glass* vergleicht mit Durchschnittswerten des Schrifttums, die indessen, wie dargelegt wurde, nur ganz unverbindliche Schätzungen erlauben. Direkte Vergleichsanalysen, die zur Entscheidung dieser Frage erforderlich wären, sind naturgemäß nicht möglich.

Zusammenfassend kann unter Bezugnahme auf unsere Untersuchungen festgehalten werden: Bei der Dechloruration des Körpers werden aus Haut und Blut erhebliche Chlormengen abgegeben. Die Hauptmenge des Chlors entstammt aber mit Abstand aus dem restlichen Körper. Haut und Blut entleeren ihren Besitzstand etwa in dem Verhältnis des Gesamtkörperchlorverlustes. Die Größe ihrer absoluten Chlorabgabe ist nur deswegen so beachtlich, weil sie die chlorreichsten Großorgane des Körpers sind. Der Haut kommt im Salzmangelzustand keine regulierende Sonderstellung zu.

Im Stadium der Kochsalzbehandlung füllt die Haut allmählich ihre Chlorbestände auf und zum Zeitpunkt des wiederhergestellten Kochsalzgleichgewichtes finden sich stets stark erhöhte Hautchlorwerte. In dieser Zeit hatte der Körper beträchtliche Chlormengen gespeichert. Die Hautchlorwerte lagen zwischen 193 und 285 mg-% Cl. Die Steigerung der Hautchlorwerte zeigte keine unmittelbare Beziehung zu dem Maß der allgemeinen Chlorretention Die folgende Zusammenstellung soll einen Anhalt darüber geben, in welchem Grade die Haut in den einzelnen Fällen an der Gesamtspeicherung teilnimmt; die Zahlen wurden in der gleichen Weise wie oben angegeben errechnet.

Tabelle 16.

	Hund 2	Hund 3	Hund 5	Hund 6	Hund 7	Hund 8
Absolute Chlorspeicherung in g Cl	2,16	0,96	2,74	2,12	3,82	5,14
Davon speicherten sich						
aus der Haut	0,645	0,178	0,586	0,267	1,103	1,711
aus dem Restkörper g Cl	1,515	0,782	2,154	1,849	2,715	3,426
Prozentual ausgedrückt						
aus der Haut	29,9%	18,5%	21,4%	12,6%	28,9%	33,3%
aus dem Restkörper . . .	70,1%	81,5%	78,6%	87,4%	71,1%	66,7%

Die *Haut nimmt also von dem Speicherchlor* nach diesen Angaben *zwischen 12,6 und 33,3% auf. Die weit überwiegende Menge des retinierten Chlors ist demnach im restlichen Körper abgelagert.* Dabei hat das *Blut* an der Speicherung *keinen Anteil*, denn die Blutwerte sind, wie dargestellt wurde, nicht wesentlich gesteigert. Die geringe Beteiligung der Haut an dem Speicherungsvorgang muß auffallen, denn es ist durch einwandfreie Beobachtungen sichergestellt, daß die Haut unter normalen Verhältnissen eine besondere Chloraufnahmefähigkeit besitzt und im Normalfalle in viel größerem Umfang retiniertes Chlor festhalten würde. *Padtberg* fand nach intravenöser Kochsalzgabe 28—77% der eingegebenen Chlormenge in der Haut wieder; diese Angaben beziehen sich auf kurzfristige Versuche. *Winter* fütterte Ratten über längere Perioden mit Kochsalz angereicherter Kost und fand in den ersten Tagen und Wochen im Vergleich zum salzarm gehaltenen Tier recht erhebliche Chlorretentionen, die sich überwiegend in der Haut stapelten. Die Steigerung des Chlorgehaltes war in den übrigen Organen viel geringer. Nach *Winter* spielen sie für das Gesamtkörperchlor keine große Rolle. Auch *Klodt* berichtet, der gesunde Organismus vermöge nach hohen Kochsalzdosen seinen Hauptchlorbestand sehr stark, um mehr als 100% zu erhöhen. Es zeigt sich also, daß bei unseren Versuchen der Chlorspeicherungsmechanismus in durchaus anderer Weise vor sich geht wie im Normalfall. Die Chlorspeicherung verteilt mehr gleichmäßig, der Restkörper spielt bei der Chlorbindung offensichtlich eine viel größere Rolle. Die Haut nimmt zwar in der Mehrzahl der Fälle deutlich mehr Chlor auf als ihrem Gewichtsanteil am Gesamtkörper entspricht, zweimal sogar um 30%, aber sie tritt in unseren Fällen als Aufnahmeorgan des Überschusses doch lange nicht so sehr in den Vordergrund wie unter zuvor normalen Verhältnissen. Die Haut hat demnach bei der Chlorretention nach Salzmangel keine besondere Bedeutung als Chlordepot. Am Abschluß der Nachperiode (Hund 5, Hund 7 und 8) ist der Hautchlorbestand nicht entscheidend und gleichsinnig deutbar geändert gegen den Wert, der mit Erreichung des Kochsalzgleichgewichtes ermittelt war.

Tabelle 17.

	Chlorgehalt in mg-% in frischem Gewebe					
	Muskel	Niere	Lunge	Leber	Milz	Gehirn
Cameron und *Walton* . . .	67	251		136		148
Wahlgren	74	258	241	126		185
White und *Bridge*	119	243		164		167
Dogliotti und *Mairano* . . .	92	169		138		
Winter	45	240	220		147	115

Bei den gestorbenen Tieren wurden nach der Sektion noch die wichtigsten Organe auf ihren Chlorgehalt hin untersucht. Hund 2 und Hund 6 hatten 32 bzw. 35%, Hund 3 dagegen nur 10% über ihren Normalbestand hinaus retiniert. Hund 2 und besonders Hund 3 hatten zu dem Zeitpunkt ihres Ablebens ihr Speicherungsvermögen bei weitem noch nicht voll beansprucht. Die Ergebnisse der Organanalysen können nur mit *normalen Durchschnittswerten* verglichen werden.

Die Tabelle zeigt, daß die Angaben darüber viel weniger schwanken als bei der Haut des Hundes. Immerhin muß bei der bestehenden Unsicherheit auf eine unmittelbare Auswertung verzichtet werden. Die mitgeteilten Zahlen haben daher mehr beschreibenden Charakter. Hund 3, der ja nur wenig Chlor gespeichert hatte, weicht im ganzen nicht sicher erkennbar von den Normalwerten ab. Hund 2 und Hund 6 weisen aber eine deutliche Steigerung ihres Organchlorgehaltes auf. Besonders hervorgehoben sei, daß dabei kein Gewebe in übereinstimmender Weise irgendwie auffällige Ausschläge seines Chlorwertes, weder im positiven noch im negativen Sinne, zeigt. Die Ergebnisse der Organanalyse fügen sich also unseren Feststellungen über den Typus der Chlorspeicherung nach erschöpfender Dechloruration gut ein.

Von wesentlicher Bedeutung für das Verständnis unserer Untersuchungen ist die Würdigung des *Gewebswasserbestandes* in den verschiedenen Stadien der Versuche. Wir können uns dabei auf die fortlaufende Bestimmung des Hautwassergehaltes stützen. Die Dechloruration führte in keinem Falle zu einer Minderung des relativen Wassergehaltes. Vielmehr konnten wir ähnlich wie *Glass* bei seinen Organuntersuchungen im Endstadium des Salzmangels eine unverkennbare Neigung zur Steigerung des Wasserbestandes feststellen, besonders deutlich bei Hund 2, 5 und 8. Mit *Glass* schließen wir aus diesen Beobachtungen, daß die Exsikkose kein obligater Begleiter einer Chlorverarmung ist und durch Sicherstellung ausreichender Flüssigkeits- und Nahrungszufuhr weitgehend vermieden werden kann. Nach abgeschlossener Chlorspeicherung, zur Zeit des wiedererreichten Kochsalzgleichgewichtes lag der Wassergehalt der Haut stets nahe bei dem normalen Wasserwert, der bei Versuchsbeginn ermittelt war. Auch der Wassergehalt der inneren Organe von Hund 2, 3 und 6 fand sich beim Vergleich mit den normalen Durchschnittszahlen des Schrifttums stets durchaus im Bereich der Norm. Die *Chlorspeicherung* muß nach diesen Befunden *also ohne nennenswerte Wasserbindung* erfolgt sein; die Ergebnisse beweisen unmittelbar, daß hier eine *trockene Chlorretention in strenger Fassung des Begriffes* vorliegt. *Zusammenfassend* stellen wir fest, daß im Rahmen unserer Versuche die *Chlorverarmung nicht zur Exsikkose, die Chlorspeicherung nicht zur Wasserbindung führte.* In allen Versuchsstadien blieb der relative Wassergehalt der untersuchten Gewebe im wesentlichen unbeeinflußt.

Schlußbetrachtungen.
Beziehungen zum Eiweißstoffwechsel.
Chlorbewegungen im Kammerwasser und Liquor.

Der Chlorgehalt des Kammerwassers in seiner Beziehung zum krankhaften Chlorstoffwechsel des Gesamtkörpers ist bisher anscheinend nicht häufig untersucht. Im Schrifttum findet sich nur eine Angabe von *Gala*, der vergleichende Chlorbestimmungen in Blut- und Kammerwasser bei 5 Patienten mit abnormen Plasmachloridwerten durchführte. Er fand auffallend hohe Chlorwerte im Kammerwasser bei chronischen Nephritikern mit Chlor- und Stickstoffretention im Blut. Das Kammerwasser eines hypochlorämischen Kranken hatte einen unternormalen Chlorgehalt. Der Zustand des Chlorhaushaltes dieser Patienten war naturgemäß nicht näher zu kennzeichnen. Wir hatten auf Grund unserer Versuchsreihen die Möglichkeit, uns über die Beziehungen zwischen dem Chlorgehalt des Blutes, des Gesamtkörpers und des Kammerwassers unter genau bekannten, stark wechselnden Verhältnissen des Chlorstoffwechsels eingehend zu unterrichten. Alle Zahlen des Kammerwasserchlorspiegels finden sich in Zusammenhang mit den übrigen Versuchsdaten in den vorangestellten Tabellen unserer Versuchsprotokolle. Diesen Untersuchungen lag die Fragestellung zugrunde, ob der Chlorgehalt der Augenflüssigkeit vielleicht besseren Aufschluß über den Gewebschlorbestand vermitteln könne als der Blutchlorwert. Mit dieser Frage verbindet sich die Diskussion über die Dignität des Liquorchlorgehaltes als Spiegel des Gewebschlors *(Blom, Rathery)*. Denn es steht fest, daß der Liquor cerebrospinalis auf das durchaus gleiche Chlorniveau einreguliert ist wie der Humor aqueus und daß für die Blut-Liquorschranke ganz allgemein die gleichen Gesetze wirksam sind, wie für die Blut-Kammerwasserrelation *(Gaederts* und *Wittgenstein, Wittgenstein* und *Krebs)*. Kammerwasser und Rückenmarksflüssigkeit sind im Normalfall mindestens in diesem Punkte unmittelbar miteinander vergleichbar. Man darf die Ermittlungen über das Verhalten des Kammerwasserchlors danach mit großer Wahrscheinlichkeit auf die Verhältnisse im Liquor cerebrospinalis übertragen. Gleichlaufende Liquoruntersuchungen haben wir nur zu Anfang einige Male ausgeführt, denn nachdem wir in Zusammenhang mit dem Suboccipitalstich mehrere Hunde verloren hatten, unterließen wir in der Folge die Liquorentnahmen, um die umfangreichen Untersuchungsreihen nicht durch ein vorzeitiges Ableben der Hunde zu entwerten.

Das *Kammerwasserchlor liegt* nach übereinstimmenden Untersuchungsergebnissen gewöhnlich *über dem Chlorgehalt des Blutplasmas.* Das Verteilungsverhältnis der Chloride zwischen Plasma und Kammerwasser ist indessen weniger gut bekannt. *Tron* fand bei einigen vergleichenden Untersuchungen bei Ochsen den Chlorspiegel der Augenflüssigkeiten

um 20% höher als im Plasma. *Gaederts* nnd *Wittgenstein* experimentierten
an Hunden; das Kammerwasserchlor war weniger stark und nicht regelmäßig über den Plasmawert gesteigert, vor allem in sehr wechselndem
Ausmaß, oft so gering, daß die Fehlergrenze der Methode kaum überschritten war, höchstens bis etwa 15%. Unsere Ergebnisse entsprechen
diesen Befunden weitgehend. Nach Einstellung auf kochsalzzusatzfreie
Standardkost war zweimal keine nennenswerte Höherstellung des
Kammerwasserspiegels festzustellen; bei 3 Hunden fanden sich Steige-
rungen zwischen 5 und 10%, einmal um rund 12%. Die absoluten Chlorwerte für den Humor aqueus lagen zwischen 389 und 444 mg-%.

Im weiteren Verlauf der Versuche wurde wiederholt der Chlorgehalt
des Kammerwassers bestimmt, regelmäßig nach Abschluß der Chlorverarmung, zur Zeit des Kochsalzbilanzausgleiches und am Ende der
Nachbeobachtungsperiode. Zur Gewinnung des Untersuchungssubstrates
war es also nicht zu vermeiden, dieselbe Augenkammer zweimal, gelegentlich auch dreimal zu punktieren. Weil stets abwechselnd zunächst die
eine, dann die andere Augenvorderkammer angestochen wurde, lagen
immer längere Zwischenräume zwischen zwei Punktionen am gleichen
Auge, mindestens mehr als eine Woche, meist Abstände von über 2 bis
3 Wochen. Bei einer Zweitpunktion nach so langer Zeit kann man wohl
im Hinblick auf die physiologische Erneuerung der Augenflüssigkeit
kaum mehr von einem Kammerwasserregenerat im üblichen Sinne
sprechen. Man darf also voraussetzen, daß die Analyse des zweiten
Kammerwassers von der vorausgegangenen Entnahme unbeeinflußte
Werte gibt, um so mehr als bei einer Punktion zur Durchführung der
Mikrochlordoppelbestimmung nur etwa 0,25 ccm Humor aqueus ab-
gezogen zu werden brauchen. *Cohrs* hat in noch unveröffentlichten Versuchen bei normalen Hunden erwartungsgemäß nachgewiesen, daß die
Chlorwerte im Kammerwasser bei Punktionen nach einwöchigem Intervall in der Tat regelmäßig unverändert gefunden werden. *Am Ende der
Dechlorurationsperiode fanden wir* übereinstimmend *entsprechend der
allgemeinen Chlorverarmung des Körpers* auch *eine erhebliche Senkung des
Kammerwasserchlorgehaltes.* Aber der Chlorwert der Augenflüssigkeit
fiel in allen Fällen deutlich weniger stark ab als das Plasmachlor. Die
Differenz zwischen dem Chlorspiegel des Humor aqueus von dem Chlorniveau des Blutplasmas ist daher am Ende der Chlorverarmung im Verhältnis beträchtlich größer als bei den Ausgangswerten. Die prozentuale
Höherstellung des Kammerwasserchlors bei den einzelnen Tieren geht
aus der beigegebenen Tabelle eindrucksvoll hervor. Die absoluten Chlorwerte des Humor aqueus im Endstadium der Dechloruration lagen
zwischen 185 und 256 mg-% Cl. Angemerkt sei, daß trotz des außerordentlichen Tiefstandes der Chlorwerte in keinem Falle eine grob sinn-
lich wahrnehmbare Spannungsänderung des Bulbus festzustellen war.
Eine exakte Tensionsmessung war für uns abseitig und ist nicht durch-

geführt worden. Während der Kochsalzbehandlung stieg der Chlorgehalt des Kammerwassers alsbald wieder an. Aber in einigen Fällen erfolgte der Anstieg des Kammerwasserchlorwertes deutlich langsamer als im Blutplasma. Besonders bei Hund 5 und 6 wird dieses Verhalten deutlich erkennbar. Die Spanne zwischen dem Chlorspiegel des Kammerwassers und des Plasmas verminderte sich in allen Fällen außerordentlich, und mehrfach steigt der Blutchlorwert sogar absolut über den Chlorwert des Kammerwassers. Bei erreichtem Kochsalzgleichgewicht, zu einer Zeit in der der Blutchlorspiegel wieder normal ist, findet man den Chlorgehalt des Kammerwassers noch bei 4 Fällen zweimal deutlich unter dem Blutwert. Auch am Ende der Nachperiode liegt das Kammerwasserchlor noch in allen drei beobachteten Fällen hart am Blutchlorwert. Die beschriebenen Verhältnisse sind aus unserer Tabelle zahlenmäßig zu ersehen (Tabelle 18). Ein Erklärungsversuch für das im einzelnen unterschiedliche Verhalten des Kammerwasser- und Plasmachlorspiegels soll nicht unternommen werden. Es ist aber ohne weiteres verständlich, daß das Verteilungsverhältnis der Chlorionen zwischen den Substraten in Zusammenhang mit den schweren allgemeinen Stoffwechselstörungen des Salzmangelzustandes durch physiko-chemische Bedingtheiten eine Beeinflussung erfahren kann.

Tabelle 18.

Prozentuale Differenz der Kammerwasserchlorwerte gegen die Plasmachlorwerte	Hund 2 %	Hund 3 %	Hund 5 %	Hund 6 %	Hund 7 %	Hund 8 %
Bei Versuchsbeginn	+ 11,4	+ 0,7	+ 7,6	+ 5,0	+ 5,2	+ 9,4
Am Ende der Chlorverarmung	+ 30,3	+ 20,3	+ 29,3	+ 36,2	+ 17,4	+ 16,8
Im Kochsalzgleichgewicht . .	—	—	— 10,0	— 7,0	+ 3,5	— 1,7
Am Ende der Nachperiode .	—	—	— 1,9	—	— 2,4	+ 2,7

Zusammenfassend können wir auf Grund unserer vergleichenden Untersuchungen feststellen: Der normale Chlorspiegel des Kammerwassers liegt meist unerheblich über dem Plasmachlorwert. Bei forcierter Chlorentziehung fällt der Chlorgehalt des Kammerwassers stark ab. Die Chlorwerte des Humor aqueus senken sich weniger stark als der Plasmachlorspiegel. Bei der Rechlorurierung steigt der Kammerwasserchlorgehalt flacher an als das Plasmachlor. Nach wiederhergestelltem Kochsalzgleichgewicht des Körpers ist der Kammerwasserchlorbestand trotz erheblicher allgemeiner Chlorretention im Organismus in keinem Falle übernormal. Das Kammerwasser beteiligt sich an der Chlorspeicherung ebensowenig wie das Blut Die Untersuchung des Kammerwassers unterrichtet uns über den Zustand der Chlorfüllung der Gewebe nicht besser als die Blutuntersuchung.

Vergleichende Chloruntersuchungen des Liquor cerebrospinalis stehen uns nur bei Hund 2 und 3 zur Verfügung. Die Ausgangswerte entsprachen in beiden Fällen in Übereinstimmung mit den Feststellungen von *Gaederts* und *Wittgenstein* den gleichzeitig bestimmten Chlorgehalt des Kammerwassers weitgehend. Bei Hund 2 konnten wir Rückenmarksflüssigkeit im extremen Chlormangel gewinnen, bei Hund 2 und 3 entnahmen wir nach Versuchsende den Liquor bei der Sektion. Auch die pathologischen Chlorwerte in Liquor cerebrospinalis und Humor aqueus lagen, wie die Nebeneinanderstellung der Analysenergebnisse zeigt, stets eng beieinander.

Tabelle 19.

	Hund 2		Hund 3	
	Kammerwasser mg-% Cl	Liquor mg-% Cl	Kammerwasser mg-% Cl	Liquor mg-% Cl
Bei Versuchsbeginn	441	434	418	430
Bei Ende der Chlorverarmung .	185	195	231	—
Bei Versuchsende	295	304	341	341

Die vorgelegten Befunde beweisen, daß der *Chlorgehalt der Rückenmarksflüssigkeit und des Kammerwassers auch unter pathologischen Verhältnissen des Chlorstoffwechsels Hand in Hand gehen* können. Die Liquoruntersuchung ist zur Feststellung einer Gewebschlorspeicherung mindestens in einem Teil der Fälle ungeeignet. Die diagnostische Bedeutung der Lumbalpunktion nach *Blum* ist in diesem Sinne mit größter Zurückhaltung zu beurteilen.

Das wichtigste Ergebnis der vorliegenden Untersuchungen ist der Nachweis der Chlorretention nach einem Salzmangelschaden und die nähere Beschreibung ihrer Gesetzmäßigkeiten. Es fragt sich nun, welche Tatsachen zum Verständnis dieses Vorganges und zur Aufklärung seiner Bedeutung herangezogen werden können. In den Mittelpunkt dieser Überlegung sind die engen Beziehungen zwischen Chlor- und Eiweißstoffwechsel zu stellen.

Schon seit Anfang des Jahrhunderts weiß man, daß kochsalzarme Kost mit erhöhtem Eiweißabbau einhergeht *(Belli, Calabresi, Trosianz)*; andererseits sinkt die Stickstoffausscheidung, wenn man einer Normalkost mittleren Dosen Kochsalz zulegt *(Pugliese* und *Coggi, W. Straub)*. In Zusammenhang mit diesen Beobachtungen prägte sich der Begriff der eiweißsparenden Wirkung des Kochsalzes *(Benecke)*. Die Erforschung der Salzmangelschäden und ihre experimentelle Bearbeitung hat die Verknüpfung des Chlorstoffwechsels mit dem Eiweißhaushalt in der Folge eindringlich verdeutlicht und unsere Kenntnisse über diesen Gegenstand wesentlich vertieft. Im Tierversuch findet man nach hochsitzenden Intestinalverschluß, der infolge des profusen Erbrechens stets zu hochgradigem Salzverlust führt, regelmäßig eine stark negative Stickstoffbilanz *(McQuarrie* und *Whipple, Haden* und *Orr)*. *Michelsen* konnte in sorgfältigen Untersuchungen an diuretinvergifteten Kaninchen nachweisen, daß Chlorverluste und vermehrte Stickstoffausscheidung als Ausdruck einer Zerstörung von Körpergewebe in direkter Beziehung zueinander stehen. Die Klinik lernte hochüberschießende Stickstoffausschwemmungen nach der Kochsalzbehandlung schwerer Dechlorurationszustände

kennen *(P. Meyer, Morawitz* und *Schloß).* Diese Befunde stehen ohne Zweifel mit
einem vermehrten Zerfall von Körpereiweiß in unmittelbarem Zusammenhang.
In welchem Umfang indessen eine Gewebseinschmelzung stattfindet, ist im Einzelfall aus dem Gang der Stickstoffbilanz nicht ohne weiteres zu entnehmen, denn im
hochgradigen Salzmangelzustand arbeiten die Nieren insuffizient *(Blum, Rathery,
Brown* und Mitarbeiter, *Dixon, Mellinghoff).* Die Ausscheidung harnpflichtiger
Stickstoffschlacken ist daher im Stadium des extremen Chlorhungers gestört; die
chloroprive Azotämie ist zum Teil eine Retentionsurämie. Die großen Harnstick-
stoffmengen des Reparationsstadiums schließen also die retinierte Stickstoffquote
mit ein und bei überschlägiger Feststellung des wirklichen Eiweißzerfalles aus
negativen Stickstoffbilanzen nach Salzmangelurämien muß demnach die Veränderung des Blutreststickstoffes in der Bilanzrechnung sorgfältig Berücksichtigung
finden. Im Tierexperiment ermöglicht die Überschau der Gesamtverbrauchs-
periode eine eindeutige Bilanzaufstellung. *Glass* konnte in seinen Magensaftent-
ziehungsversuchen den beträchtlichen Umfang des Gewebseiweißzerfalles bei erschöpfender Chlorverarmung quantitativ festlegen und die Stickstoffausscheidungs-
verhältnisse im urämischen Stadium und auch in der Nachperiode grundsätzlich
klarstellen.

Die Arbeiten über die Auswirkungen des Salzmangels auf den Eiweißstoffwechsel hatten demnach eindeutige Ergebnisse, die Lehre, daß
primäre Chlorverarmung des Körpers sekundär zu Eiweißzerfall führt. Der
Organismus vermag also seinen Gewebsbestand nur unter der Voraussetzung unversehrt zu erhalten, daß sein Chlorgehalt normal einreguliert
ist. In diesem Sinne hat das Chlor eine eiweißschützende Wirkung
(Glass).

Von großer Bedeutung für unsere Betrachtungen ist eine andere
wichtige Beziehung zwischen dem Chlor- und dem Eiweißstoffwechsel,
die für das Chlor in viel höherem Maße spezifisch ist als seine eiweißschützende Funktion. Es handelt sich dabei um die *Chlorretention des
Körpers nach primärem Eiweißzerfall.* Bei einer großen Zahl von
krankhaften Zuständen sind negative Stickstoffbilanzen mit und ohne
Stickstoffsteigerungen im Blut festgestellt, die gleichzeitig mit positiven
Chlorbilanzen einhergingen.

Am besten bekannt ist dieses Verhalten bei der Pneumonie *(v. Moraczewski,
Haden, Sunderman);* prinzipiell gleichartige Verhältnisse finden sich bei fieberhaften Zuständen ganz allgemein. Auch bei der Chlorretention nach ausgedehnten
Verbrennungen *(Underhill* und *Fick, Davidson)* und nach Röntgenbestrahlungen
(Cameron und *McMillan)* ist der Zusammenhang mit primärem Zerfall von Körpereiweiß nachgewiesen. Bei anderen Zuständen ist die Beziehung zwischen Eiweißzerfall und nachfolgender Chlorretention wegen verschiedener Begleitumstände
weniger klar darzustellen, ohne darum von geringerer Beweiskraft zu sein. Ein
Paradigma in diesem Sinne ist die Sublimatvergiftung, bei der die Bilanzverhält-
nisse infolge des mit diesem Krankheitsbild verbundenen Nierenschadens stets
kompliziert sind *(Veil, Chabanier, Lobo-Onell, Marchant, Donoso* und *Barthet).* Die
Chlorspeicherung in traumatisierten Geweben und nach Operationen ist mindestens
zum Teil von primärer Eiweißdestruktion abhängig *(Legueu, Chabanier, Lobo-
Onell).*

Zusammenfassend ist also festzustellen, daß ganz allgemein primärer
Eiweißzerfall im Körper sekundär zu einer Chlorbindung in den Geweben

führt. Dabei bestehen ebensowenig wie bei der Eiweißeinschmelzung im Chlorhunger unmittelbar quantitative Beziehungen zwischen dem Maß des Eiweißabbaues und dem Grad der Chlorretention.

Auf Grund dieser Tatsachen lassen sich die in der vorliegenden Arbeit dargestellten Chlorspeicherungsvorgänge befriedigend erklären. Während der Dechlorurationsperiode schmilzt Körpereiweiß ein. Die primär erzwungene Chlorverarmung des Körpers wird Ursache schwerer Gewebsschäden, die mit beträchtlichem Eiweißzerfall einhergehen. Während der Kochsalzbehandlung werden einmal die stark verminderten Chlorbestände des Körpers aufgefüllt und wieder zur Norm zurückgeführt, zum anderen wird durch die schwer geschädigten Gewebe in unmittelbarem Zusammenhang mit dem pathologischen Abbau ihrer Eiweißbestandteile Chlor unabhängig von der normalen Bindungsweise zusätzlich festgehalten, so daß zur Zeit des wiederhergestellten Kochsalzgleichgewichtes der Gesamtchlorbestand des Körpers die Norm schließlich wesentlich überschreitet. Über die Bindungsweise des Speicherchlors im Körper ist wenig Näheres bekannt. Im Normalfall hält *Klinke* eine Depotbildung im Organismus durch unionisierte Apposition von Chlorionen an Aminosäuren der Gewebe für möglich. Diese Annahme würde auch die Chlorspeicherung im geschädigten Gewebe gut erklären, denn gerade in Perioden gesteigerten Eiweißabbaues könnte ihre Chlorbindungsfähigkeit durch vermehrten Anfall von Aminosäuren stark erhöht sein. *Silio* glaubt an eine Chloralbuminverbindung und hält damit einen weiteren Eiweißabbau für abgebremst. Unsere Untersuchungsergebnisse belehren über die feste Bindung des in den Geweben retinierten Chlors. Man ist danach geneigt anzunehmen, daß sich Verbindungen bilden, die außerhalb des Betriebsstoffwechsels stehen und die in den Baustoffwechsel eingegangen sein müssen. Auf diese Weise ließe sich der offenbar sehr langsame Abbau jener Depots zwanglos verstehen. Auch nach ihrer örtlichen Fixierung vollzieht sich die Chlorspeicherung deutlich erkennbar nach eigener Gesetzlichkeit. Die normale Depotfunktion der Haut wird nicht wirksam. Die Gewebsanalysen weisen auf eine mehr gleichmäßige Beteiligung des Gesamtkörpers an dem Speicherungsvorgang hin. Wir stellen diese Beobachtung besonders heraus, weil wir darin den Ausdruck einer ausgedehnten Gewebsschädigung des Organismus in Zusammenhang mit der universellen Dechloruration erblicken und somit einen indirekten Beweis für die Abhängigkeit der Chlorretention von dem damit einhergehenden primären Gewebseiweißzerfall.

Aus unserer Darstellung leitet sich eindeutig die wichtige Erkenntnis ab, daß der *Kochsalzbehandlung des Salzmangelzustandes nicht nur die Bedeutung einer Substitutionstherapie* zukommt. Nur mit Ersatz des verlorenen Chlors allein heilt man den chlorverarmten Körper nicht. Das Kochsalzgleichgewicht wird dadurch nicht erreicht und die Blutchlorwerte bleiben tief unternormal. Erst fortgesetzte Kochsalzgabe bringt schließlich den Ausgleich. Dieser Vorgang wird durch die folgenden Bemerkungen näher gekennzeichnet. Die Gewebe brauchen Chlor, und zwar sofort. So groß ist das Chlorbedürfnis, daß dem Körper nicht einmal Zeit und Möglichkeit zur normalen Einstellung seines Blutchlorgehaltes gelassen wird. Dieses Verhalten ist an sich schon bemerkenswert, weil ja der Organismus diese Größe im Wettstreit der Regulationen sehr eifersüchtig auf normaler Höhe zu erhalten pflegt. Besonders auffällig wird aber die Hypochlorämie, wenn der Gesamtorganismus bereits stark übernormal mit Chlor beladen ist. Denn nunmehr steht fest, daß es sich nicht nur um einen vordringlichen Anspruch des Gewebes auf primäre Wiederauffüllung seiner Chlorbestände bis zur Norm handelt, sondern jetzt wird erkennbar, daß der Chloreinstrom in die Gewebe unabhängig von der notwendigen Substitution einem pathologischen Zwang unterliegt. Der Gang der Chlorbilanz und das Verhalten der Blutchlorwerte lehren, daß beide Vorgänge — Substitution und zusätzliche Gewebsbindung — Hand in Hand nebeneinander hergehen. Auch der experimentellen Differenzierung der Kochsalzbehandlung ergibt sich weiterhin, daß das Phänomen der Chlorretention kein fakultativer Begleit- oder Folgezustand der Restitution ist, sondern der *Vorgang der Chlorspeicherung ist unerläßlich zur Wiederherstellung des chlorverarmten Organismus. Ohne Chlorspeicherung gibt es grundsätzlich keine Heilung des Salzmangelschadens.*

Wir betonten, daß die Chlorabwanderung in die Gewebe mit einem pathologischen Eiweißzerfall infolge einer primären Dechlorurationsschädigung des Organismus zusammenhängen muß. In Verbindung dieser Tatsache mit den hier angeführten Beobachtungen kommen wir somit zu folgender Vorstellung über die Bedeutung der Chlorretention nach Salzmangelschädigung und damit zu einer besseren Kenntnis der Wirkungsmechanismen der Kochsalzbehandlung. Mit der parenteralen und enteralen Zufuhr von Kochsalz beginnt sogleich ein kräftiger Chloreinstrom in die Gewebe. Mit der Hebung des allgemeinen Chlorniveaus im Körper wird der fortschreitende Eiweißzerfall unmittelbar abgebremst. *Der Eiweißabbau vermindert sich mit zunehmender Rechlorurierung.* Wird der Chlorgehalt in den Substraten normal, ist das Gewebe schließlich vor pathologischem Eiweißabbau überhaupt geschützt. Damit ziehen wir also die Auffassungen von *Nonnenbruch* über das Chlor als Bremse des toxischen Eiweißzerfalles und von *Glass* über die eiweißschützende Wirkung des Chlors mit heran zur Erklärung der Pathophysiologie des hier besprochenen Rechlorurierungsvorganges. Gleichzeitig mit der regulären Gewebsaufchlorung und in mittelbarer Verknüpfung diesem Geschehen nebengeordnet wird ein Teil des einfließenden Chlors von den Abkömmlingen des krankhaft gesteigerten Eiweißzerfalles an sich gerissen und sogleich in den Geweben fest verankert. Nur in Verbindung mit diesem Vorgang vollzieht sich schrittweise die

Substitution der entleerten Körperchlorbestände. *Die Kochsalzgabe beseitigt den funktionellen Nierenschaden, der das Endstadium der Chlorverarmung mitbestimmt, in* kurzer Zeit *(Blum, Rathery, Glass)*. Mit Anregung der Diurese und Normalisierung der Stickstoffkonzentrationsbreite der Nieren bildet sich die Azotämie rasch durch Ausschwemmung der retinierten Stickstoffverbindungen zurück.

Mit der Frage nach der Bedeutung der anzunehmenden *Chloreiweißbindung* sind wir bei dem Kernproblem der trockenen Chlorretention angelangt. Man hat in verschiedenem Zusammenhang von einer entgiftenden Wirkung des Chlors bei krankhaftem Eiweißzerfall gesprochen. Das Stichwort gaben *Haden* und *Orr*, die bei hohem Darmverschluß an die Neutralisierung toxischer Eiweißkörper durch Verbindung mit Chlor dachten. In der Folge haben besonders *Chabanier* und *Lobo-Onell* bei verschiedenen Zuständen, die mit hypochlorämischer Azotämie einhergehen, ähnliche Vorgänge angenommen. Sie erklären damit die Salzverschiebung in die Gewebe und die heilsame Wirkung der Kochsalzgaben, die jenen Krankheitsbildern eigentümlich sind. Im postoperativen Zustand sollen toxische Substanzen, die bei der Eiweißaufspaltung im Zusammenhang mit der Gewebsautolyse entstehen, durch das Chlor spezifisch entgiftet werden. Am aufschlußreichsten in dieser Beziehung sind die Versuche von *Silio* an sublimatvergifteten Hunden. Tiere, die mit 10 cg Sublimat pro Kilogramm vergiftet waren, starben regelmäßig unter schweren Stoffwechselstörungen innerhalb 48 Stunden. Eine andere Versuchsgruppe, die unter sonst gleichen Bedingungen mit 1 g NaCl pro Kilogramm vorbehandelt war, zeigte nur geringe Beeinträchtigung. Harnsäure, Kreatinin, Alkalireserve blieben unverändert; die Hunde überlebten glatt. Geringe Kochsalzzufuhr minderte die Schädigung noch deutlich. Die Stoffwechseleinwirkungen waren geringer; alle Tiere überstanden die beiden ersten Tage, aber schließlich erlagen sie doch. Sublimatvergiftungen führen bekanntlich zu starkem Eiweißzerfall. Nach *Silio* sollen sich unter diesen Bedingungen Albumine und Chlor miteinander verbinden; damit werde der weitere Eiweißabbau verhindert. Man muß sich bei der Würdigung dieser Angaben darüber klar sein, daß wir über die Art der fraglichen Verbindungen aus dem Eiweißzerfall bisher in keiner Weise unterrichtet sind. Man kann also auch nichts Näheres über die Eigenschaften dieser Körper aussagen; es ist völlig unbewiesen, daß es sich dabei um unmittelbar toxische Substanzen handelt. Die Annahme einer direkten Entgiftung toxischer Verbindungen durch das Chlor bleibt daher vorläufig Hypothese. Wir können nur ganz allgemein und zunächst unverbindlich sagen, daß die Änderungen der Eiweißstruktur mit einer starken Chloraffinität einhergehen und daß durch die Chlorbindung diese Eiweißabwandlungen stoffwechselmäßig inaktiv werden. Ob durch die Inaktivierung jener Potenzen unmittelbar schädliche Substanzen mit spezifisch nachteiligen

Eigenschaften ausgeschaltet werden, kann dabei nicht als erwiesen
gelten, obwohl mit der Unterbrechung des krankhaften angebahnten
Eiweißabbaues sehr wohl günstige Rückwirkungen auf den Gesamt-
stoffwechsel gegeben sein können. Fest steht aber, daß die Paralysierung
dieser Substanzen Voraussetzung ist zur Substitution der primär entleerten Chlordepots. Der Vorgang ist im Rahmen des Gesamtgeschehens
unvermeidlich und notwendig; er begleitet die Regulation der gestörten
Stoffwechselverhältnisse obligatorisch. Dem Körper muß das dazu
erforderliche Chlor zusätzlich angeboten werden. Denn die Auswertung
unserer Versuchsdaten beweist, daß die Chloraffinität des geschädigten
Gewebes so groß ist, daß die notwendigen Chlormengen wenigstens zu
einem wesentlichen Teil sonst auf Kosten des normalen Bestandes dem
Organismus abverlangt werden, und zwar sogar dann, wenn sich Säfte
und Gewebe des Körpers noch im Chlorhunger befinden und also selbst
eindringliches Chlorbedürfnis haben. Die Eiweißzerfallsprodukte greifen
also — unabhängig von einer hypothetischen toxischen Wirkung —
nachweislich störend in den Chlorhaushalt ein. Der Ausgleich dieser
Störung ist die zusätzliche Aufgabe der Kochsalzbehandlung. Diesem
Vorgang entsprechend vollzieht sich die in der vorliegenden Arbeit näher
gekennzeichnete Chlorspeicherung, die damit also nach Ursache und
Sinngebung eine Erklärung findet.

Wir glauben, gestützt auf die Ergebnisse unserer experimentellen
Untersuchungen und auf Grund der in diesem Abschnitt entwickelten
Überlegungen, daß die *Klinik* dem Verlangen des Körpers nach trockener
Chlorretention infolge primären Eiweißzerfalles grundsätzlich nicht
gleichgültig gegenüberstehen kann. Der Frage der Kochsalzzuführung
ist vielmehr in diesen Fällen erhöhte Beachtung zu schenken, denn der
Körper bedarf zur Befriedigung des entstandenen Mehrbedarfs dringlich
ausreichender Kochsalzbereitstellung. Planmäßige Kochsalzbehandlung
ist anerkannter Behandlungsgrundsatz bei den Krankheitszuständen
dieses Kreises, die bei gesteigertem Eiweißzerfall mit Reststickstoff-
steigerung und infolge beträchtlicher Gewebschlorbindung mit ausge-
geprägter Hypochlorämie einhergehend. Wie wir in der Einleitung zu
dieser Arbeit erwähnt haben, gehören in diese Reihe z. B. Fälle von
Zuckerharnruhr, postoperative Zustände, Verbrennungen, die Sublimatvergiftung. Die kardinal wichtigen, die großen Fälle sind damit bezeichnet. Aber die Frage der Kochsalzzufuhr ist sicherlich in weiteren
Gebieten bedeutungsvoll. Zu wenig beachtet werden jene Zustände, die
zwar Minderung der Harnchlorausscheidung und negative Stickstoffbilanz im Harn aufweisen, die aber nur geringere oder auch gar keine
Veränderungen der Blutwerte erkennen lassen. Solche Verhältnisse
ergeben sich z. B. vielfach bei fieberhaften Erkrankungen, besonders
bei Infektionskrankheiten, vor allem bei der Pneumonie. Über Umfang
und Häufigkeit der Chlorverschiebung in die Gewebe und über das

Ausmaß eines nachfolgenden Mangelzustandes läßt sich allerdings vorläufig nichts Abschließendes aussagen, weil das klinische Untersuchungsschema diese Verhältnisse nicht generell erfaßt und weil daher die breite klinische Erfahrung fehlt. Immerhin zeigen die mehrfach herangezogenen Befunde der verschiedenen Untersucher, die zu der prinzipiellen Klarstellung der hier besprochenen Vorgänge führten, daß der voll ausgeprägte, große Salzmangelschaden bei diesen Fällen mindestens sehr selten entsteht. Der unter den veränderten Verhältnissen erforderliche Mindestchlorbestand des Organismus zur Sicherstellung eines noch normalen Chlorhaushaltes und jedenfalls seine optimale Einregulierung wird aber zweifellos — wenigstens in zeitlich begrenzten Krankheitsabschnitten — häufig nicht mehr durch vorhandene Chlorreserven und durch die Chlorzufuhren mit der Nahrung aufrechterhalten. Denn diese Zustände gehen oft tagelang mit Nahrungskarenz einher; zuweilen erhalten solche Kranke zunächst nur Obstsäfte, mindestens kochsalzarme Schonkostformen. Die übliche Fieberkost ist salzarm. Erbrechen und Durchfälle, auch Schweiße tragen gelegentlich zur Minderung der Chlorbestände bei. Unsere Untersuchungen über die trockene Chlorspeicherung lassen es grundsätzlich sinnvoll und zweckmäßig erscheinen, in derart gelagerten Fällen trotz der absolut übernormalen Chlorbeladung der Gewebe weiterhin die Kochsalzausstattung des Körpers bis zur vollständigen Befriedigung der Chloraufnahmefähigkeit der Gewebe zu fördern, die sich sonst — wie gezeigt wurde — auf Kosten der normalen Chlorbestände des Organismus zwangsläufig vollzieht. Denn die Chlorhaftung im Körper, die aus vermehrtem Eiweißabbau erwächst, ist für den Körper wie unsere Ergebnisse lehren, offenbar ohne Nachteil; eine Minderung der verfügbaren Chlorbestände des Körpers unter das normale Maß ist indessen auch ohne grobe Dekompensationserscheinungen schädlich. Diese Tatsache ergibt sich schon aus den erwähnten Beziehungen zum Eiweißstoffwechsel. Bei ungenügender Chloruration des Organismus ist aber auch der Kohlehydratstoffwechsel nachweislich gestört. *Glatzel* konnte die Abhängigkeit optimaler Insulinwirkung von der Gegenwart ausreichender Körperchlorbestände nachweisen und am Beispiel der Diastase ist auch die Notwendigkeit normaler Besalzung für eine reguläre Fermentwirkung sichergestellt. Bei dieser Sachlage muß also gerade für den erkrankten Körper in seinem Abwehrkampf, dessen Stoffwechselvorgänge in all ihren Lebensäußerungen möglichst weitgehende Entlastung und Erleichterung verdienen, eine Einregulierung des Chlorhaushaltes für den Gesamtverlauf eines Leidens von Nutzen sein.

Es ist eine zukünftige Aufgabe der Klinik, Zustände, bei denen primärer Eiweißzerfall in der besprochenen Weise zu einem vermehrten Chlorbedarf und damit zu dem Mechanismus der hier geschilderten Chlorretention führt, höher abzugrenzen. Gegenindikationen, komplizierende Verhältnisse müssen dabei klargestellt werden und es müssen

Richtlinien über Notwendigkeit, Zeitpunkt und Methode der Kochsalzzuführung bei den einzelnen Krankheitsgruppen erarbeitet werden. Ansätze in dieser Richtung sind in verschiedener Beziehung vorhanden (*Penrose, Schlagintweit* und *Sielmann, Haden, McLean, Merklen* und *Gounell, Scholz, Mellinghoff* und *Frigge*) — aber die Ergebnisse müssen auf breitere Grundlage gestellt und besser begründet werden. Besondere Schwierigkeiten entstehen vorläufig z. B. bei der Indikation zur Kochsalzbehandlung Nierenkranker (*Blum* und Mitarbeiter, *v. Farkas, Kalapos* u. a.): mindestens in manchen urämischen Fällen spielt anscheinend auch hier vermehrter Eiweißabbau in dem herangezogenen Sinne eine beachtliche Rolle *(Nonnenbruch)*.

Die in dieser Arbeit vorgelegten Untersuchungen dienen der Erweiterung unserer Kenntnisse über die Kochsalztherapie des Salzmangelschadens. Unsere Beobachtungen lehren die hohe Bedeutung der Methodik der Kochsalzzuführung. Wir konnten nachweisen, daß im Zustand fortgeschrittener Dechloruration eine erheblich gesteigerte Kochsalzempfindlichkeit besteht; nach Menge und Darreichungsweise sonst belanglose Kochsalzgaben sind jetzt hoch gefährlich. Massierte Kochsalzzufuhr kann zum Tode führen; bei maßvoller Rechlorurierung gelingt es dagegen selbst allerschwerste Fälle von chloropriver Azotämie am Leben zu erhalten. Schon verhältnismäßig geringe Kochsalzmengen vermögen die schwere Gefahr des terminalen Salzmangelzustandes zu beseitigen. Bis zum Ausgleich der Chlorbilanz sind unerwartet große Kochsalzmengen erforderlich. Aus diesen Feststellungen ergibt sich, daß die Klinik bei ähnlich gelagerten Fällen die Kochsalzbehandlung mindestens im Anfang behutsam führen muß, obwohl gerade die extremen Mangelzustände zu beschleunigtem Chlorersatz aufzufordern scheinen. Große intravenöse Kochsalzgaben sind hier offenbar nicht ratsam und unter Umständen bedenklich. Bei erschöpfender Chlorverarmung ist am ersten Behandlungstag eine mehr einschleichende Behandlung besser am Platze; grundsätzlich zu empfehlen ist eine zunächst nur geringere Gabe, dann mittlere Dosen in Abständen. In der Folge sind zu schnellem Ausgleich des Chlorhaushaltes oft noch eine Reihe von Tagen größere Kochsalzzulagen nötig. In extremen Fällen können insgesamt mehr als 100 g Kochsalz erforderlich werden, bis Kochsalzgleichgewicht eintritt (*Mellinghoff*). Die Durchsicht des klinischen Schrifttums zeigt, daß Salzmangelurämien bisweilen sofort mit sehr erheblichen Kochsalzmengen behandelt werden (*Porges*). Wahrscheinlich sind die Mißerfolge bei Fällen, die ohne erkennbare Sonderursache zugrunde gingen, zum Teil auf eine überstürzte und übergroße initiale Kochsalzzufuhr zurückzuführen.

Das pathologische Geschehen im Rahmen unserer Versuche ist in seiner Gesamtheit betrachtet äußerst kompliziert und vorläufig noch vielfach undurchsichtig. Die Bearbeitung des Chlorstoffwechsels erfaßt zwar einen Vorgang von zentraler Bedeutung und seine Analyse

vermittelt wohl wertvolle Aufschlüsse, aber die Auflösung der mannig-
faltig ineinandergreifenden Stoffwechselbeziehungen erfordert weitere
Untersuchungen. Insbesondere die Pathophysiologie der Rechlorurierung
und das damit verknüpfte Problem der Chlorverlagerung in die Gewebe
ist noch in vieler Beziehung ungeklärt. Die Zusammenhänge mit dem
Eiweißstoffwechsel zeichnen sich ab, ohne im einzelnen schon genauer
dargestellt werden zu können. Darüber hinaus stellen sich Fragen über
die Regulation und Korrelation der Chlorstoffwechselvorgänge, deren
Beantwortung von wesentlicher Bedeutung für Forschung und Klinik
wäre. Wir werden unsere Arbeiten in diesem Sinne fortsetzen.

Zusammenfassung.

1. Zum Studium der Pathophysiologie des Chlorstoffwechsels wurden
6 Hunde chlorverarmt und anschließend mit Kochsalzzulagen behandelt.
Nach Einstellung auf chlorverarmte Versuchskost und einleitender
Chloraustreibung durch Salyrgan wurde die Dechloruration erzwungen
durch Magensaftentzug. Sie vollzog sich schrittweise und erstreckte sich
über eine Zeit von etwa 2—3 Wochen. Vor jeder Magenentleerung wurde
die Sekretabscheidung durch Histamin angeregt. Die täglich mehrfach
wiederholten Entnahmen erfolgten durch Ausheberung und Spülung
oder durch Erbrechen nach Apomorphin. Die Magensaftentziehung
wurde fortgesetzt, bis die Versuchstiere in einen komatösen Endzustand
verfielen. Dann begann die Kochsalzbehandlung. Während der ganzen
Versuchszeit wurde eine chlorverarmte, sonst ausreichende und gleichmäßig zusammengesetzte Standardkost gereicht; für möglichst voll-
ständige Nahrungs- und Flüssigkeitsaufnahme wurde gegebenenfalls
durch künstliche Einfuhr ständig gesorgt. Der Stand der Chlorbilanz
war zu jedem Zeitpunkt des Stoffwechselversuchs eindeutig zu über-
blicken.

2. Der Chlorbestand der Versuchstiere konnte in allen Fällen stark
vermindert werden. Die Chloreinbußen pro Kilogramm Körpergewicht
lagen zwischen 0,4 und 0,7 g Cl. Werden die Zahlen auf den nach *Rosemann* ermittelten Gesamtchlorgehalt der Hunde bezogen, so liegen die
prozentualen Abnahmen zwischen 36,2 und 61,7%; 4mal senkte sich der
Gesamtkörperchlorbestand um mehr als die Hälfte. Die Chlorverluste
sind ungewöhnlich groß und wurden bisher mit einem Fortbestand des
Lebens für unvereinbar gehalten. Diese Befunde erklären sich mit
Besonderheiten der Versuchsanordnung.

3. Trotz der außerordentlichen Chlorverarmung des Körpers war die
Chlorabscheidung in den Magen bis zu allerletzt beträchtlich. Mehrfach
konnten noch am Schlußtage der Dechloruration über 200 mg Cl, im
Höchstfall 420 g Cl aus dem Magen abgeleitet werden. Histaminreiz
bringt also selbst bei Minderung des Körperchlorbestandes um mehr als
die Hälfte die Magensaftbildung in beachtlichem Umfang in Gang.

4. Im Mittelpunkt der Arbeit stand die Untersuchung des Chlorstoffwechsels während der Rechlorurierung. In den verschiedenen Versuchen wurde die Kochsalzbehandlung unterschiedlich geführt:

Hund 2 und 3 erhielten innerhalb 36 Stunden große Kochsalzmengen, vornehmlich in physiologischer Lösung unter die Haut. Die Chloridzufuhr übertraf den Chlorverlust durch die Entziehung erheblich.

Hund 5 und 6 wurden zunächst mit einer den Chlorverlust stark unterschreitenden Kochsalzzufuhr und schrittweise behandelt; in den ersten 3—4 Tagen wurden Kochsalzgaben in einer Höhe von etwa 50% des wahren Chlorentzugs aufgenommen. Nach einer Pause von 9- bzw. 10tägiger Dauer erhielten die Tiere fortlaufend eine Kochsalzzulage von 2 g NaCl.

Bei Hund 7 wurde in einer ersten Behandlungsperiode die zuvor entzogene Chlormenge quantitativ ersetzt. Nach einem kochsalzzusatzfreien Intervall von 9 Tagen wurden in der Folge täglich 1,5 g NaCl zugegeben.

Hund 8 wurde von Beginn der Rechlorurierung an gleichbleibend mit mittleren Kochsalzdosen, täglich 2 g NaCl, versehen.

5. In jedem Falle hält der Körper im Verlauf der Kochsalzbehandlung wesentlich mehr Chlor in seinen Geweben zurück, als er während der Dechloruration nach außen verloren hatte. Hund 2 und 3 starben vor Wiederausgleich des Chlorstoffwechsel; die anderen 4 Versuche erlauben eine bindende Aussage über das Maß der Chlorretention. Bis zum erreichten Kochsalzgleichgewicht wurden pro Kilogramm Körpergewicht zusätzlich 0,26—0,58 g Chlor einbehalten. Die Prozentzahlen für die Chlorspeicherung über den nach *Rosemann* berechneten Normalchlorbestand des Körpers hinaus lagen zwischen 22,9 und 51,5%. Das Maß der Chlorspeicherung zeigte keine unmittelbare Abhängigkeit von der Höhe der Chlorverluste oder der Art der Kochsalzzuführung.

6. Während der Rechlorurierung war die Ausscheidung im Harn zunächst regelmäßig außerordentlich unbedeutend; oft war sie noch niedriger als im Endstadium der Dechloruration und betrug nur mehr Spuren. Diese Beobachtung gilt auch für die Fälle mit starker Kochsalzüberschwemmung im Initialstadium der Behandlung. Der Chlorgehalt des Harns blieb bis zur Vollendung der Chlorspeicherung im Körper unverändert gering. Dann steigerte sich die Harnchlorausscheidung fast schlagartig um das 10—20fache. In kurzer Zeit, meistens im Zeitraum eines Tagesintervalls, stellte sich alsbald das Kochsalzgleichgewicht ein. 3 Hunde konnten noch etwa 1 Woche lang nachbeobachtet werden; vermehrte Chlorabgabe im Sinne einer beginnenden Ausschwemmung der retinierten Chlordepots fand in keinem Falle statt.

Diese Feststellungen kennzeichnen die Chlorgier des Körpers. Die Gewebe binden die zugeführten Chlormengen sofort und fast quantitativ bis zur äußersten Grenze ihrer Aufnahmefähigkeit; die Sucht der

Gewebe zur Chlorbindung bezieht sich auch auf das Speicherungschlor. Das retinierte Chlor ist mindestens eine Zeitlang fest in den Geweben verankert und befindet sich außerhalb des Betriebsstoffwechsels.

7. Die einzelnen Versuchstiere zeigten entscheidende Unterschiede ihres Verhaltens in Abhängigkeit von der Methode der Rechlorurierung. Überstürzte Zufuhr größerer Kochsalzmengen wurde von den hochgradig chlorverarmten Hunden schlecht vertragen. Hund 2 und 3 starben; Hund 7, der ebenfalls in kurzem Zeitraum erhebliche, aber doch geringere Kochsalzgaben erhielt, versank in einen bedrohlichen Zustand, der nur mit Mühe überwunden werden konnte. Die übrigen Hunde wurden mit maßvoller Kochsalzzulage behandelt; sie erholten sich glatt. Im weiteren Verlauf fanden sich die Versuchshunde trotz bedeutende Chlorretention wohl. Hund 6 starb nach Versuchsende an ungeklärter Ursache.

Die Beobachtungen lehren, daß im Zustand fortgeschrittener Dechloruration eine erheblich gesteigerte Kochsalzempfindlichkeit besteht. Nach Menge und Darreichungsweise sonst belanglose Kochsalzgaben sind jetzt hoch gefährlich. Schon geringe Kochsalzdosen vermögen das schwere azotämische Endstadium der Dechloruration aufzuhalten. Bei schonender Rechlorurierung gelingt es, selbst allerschwerste Fälle von Salzmangelurämie zu retten. Hohe Gewebschlorspeicherung bleibt ohne erkennbaren Nachteil.

8. Während der Chlorverarmung nahmen alle Hunde beträchtlich ab. Mit der Kochsalzbehandlung hörte der weitere Gewichtsabfall auf. In der Folge traten aber bei keinem der Tiere nennenswerte Zunahmen ein. Die Chlorspeicherung vollzieht sich demnach ohne wesentliche Wasserbindung. Die schlechte Gewichtserholung wird auf eine starke Allgemeinschädigung der Gewebe durch die erschöpfende Dechloruration bezogen. Wahrscheinlich ist außerdem die verfütterte Standardkost keine günstige Aufbaunahrung.

9. Im Endstadium der Chlorverarmung fielen die Plasmachlorwerte ungewöhnlich tief ab. Sie unterschritten bisweilen die im Schrifttum mitgeteilten Zahlen beachtlich. Bei Hund 3 wurde als unterer Grenzwert ein Plasmachloridgehalt von 142% mg-% Cl ermittelt. Der Plasmachlorgehalt senkte sich stärker als nach der errechneten Minderung des Gesamtkörperchlorbestandes zu erwarten war. Eine unmittelbare Beziehung zu der Höhe des Chlorverlustes bestand nicht.

10. Gleichzeitig mit dem Plasmachlor vermindert sich der Chloridgehalt der Erythrocyten. Die roten Blutkörperchen verarmen wesentlich stärker an Chlor als das Plasma. Sie entleeren sich mehrfach um mehr als $^2/_3$ ihres Normalchlorgehaltes. Der niedrigste Erythrocytenchlorwert betrug 51 mg-%. Die Chlorverarmung der roten Blutkörperchen war in ihrem Ausmaß recht wechselnd. Zwischen dem Maß der prozentualen Chlorabnahme in Plasma und Erythrocyt bestand kein

festes Verhältnis. Der Chlorgehalt der roten Blutkörperchen spiegelte den Chlorverlust des Gesamtkörpers undeutlicher wider als das Plasmachlor.

11. Während der Kochsalzbehandlung blieb der Anstieg des Blutchlorgehaltes stets bedeutend hinter dem Maß der allgemeinen Rechlorurierung zurück. Dieses Verhalten ist unabhängig von der Methode der Kochsalzzuführung. Ein Ausgleich des auffallenden Mißverhältnisses zwischen dem Gesamtchlorbestand des Körpers und den Blutchlorwerten findet nach 10tägiger Unterbrechung der Kochsalzzufuhr nicht statt. Nach vollständigem Ersatz der im Dechlorurationsabschnitt entzogenen Chlormengen finden sich die Blutwerte regelmäßig noch tief unter der Norm. Solange der Körper in der Folge fortfährt zusätzlich Chlor aufzuspeichern, bleibt der Chlorgehalt des Blutes — indessen allmählich ansteigend — weiterhin unternormal. Erst mit Abschluß des Speicherungsvorganges erreicht der Blutchlorspiegel wieder einen normalen Stand. Reguläre Substitution und zusätzliche Gewebsbindung des Chlors gehen also Hand in Hand nebeneinander her und vollenden sich zu gleicher Zeit. Trotz übermäßiger Chlorimprägnation des Gesamtorganismus kam es nicht zu Hyperchlorämie.

12. Der Chlorgehalt der Erythrocyten stieg mit den Plasmawerten fortschreitend an. Die Chlorauffüllung der roten Blutkörperchen vollzog sich im einzelnen nach Grad und Schnelligkeit weitgehend unabhängig von dem Anstieg des Plasmachlors, im ganzen ungleichmäßiger, besonders in späteren Stadien der Rechlorurierung meist vergleichsweise stärker. Trotz der späterhin erheblichen Chlorspeicherung in den Geweben wurden auch in den Erythrocyten niemals eindeutig übernormale Chlorwerte festgestellt.

13. Die Blutuntersuchung konnte im Rechlorurationsstadium nicht über den Grad der allgemeinen Chlorauffüllung unterrichten. Der Speicherungsvorgang wurde aus der Blutanalyse nicht erkennbar. Die Bestimmung des Erythrocytenchlorgehaltes gab keinen besseren Maßstab als die Untersuchung des Plasmas. Trotz überschüssiger Chlorretention bestand bis zur vollständigen Erschöpfung der Chloraufnahmefähigkeit der Gewebe meistens totale Hypochlorämie mit Chlorunterbestand in Plasma und Erythrocyt.

14. Der Chlorgehalt der Cutis nach Einstellung auf chlorverarmte Standardkost lag zwischen 140 und 224 mg-% Cl. Bei Abschluß der Dechloruration hatte sich der Hautchlorbestand auf rund $^2/_3$—$^1/_2$ des Ausgangswertes vermindert. Die Haut senkte ihren Besitzstand an Chlor etwa in einer Größenordnung, die der Minderung des Gesamtkörperchlors entspricht; sie verlor wegen ihres hohen Chlorgehaltes demnach absolut viel Chlor. Das Blutchlor beteiligte sich an der erfolgten Gesamtchlorabgabe in einem Hundertsatz, der den Grad der allgemeinen Reduktion des Körperchlorbestandes noch übertraf. Aus Haut und Blut stammen insgesamt 30—40% des entzogenen Chlors.

Der Restkörper lieferte trotz seiner Zusammensetzung aus meist viel chlorärmeren Geweben wegen seiner weit überwiegenden Masse den wesentlich größeren Teil des absoluten Chlorverlustes. Wahrscheinlich beteiligen sich die Körpergewebe ihrem Chlorgehalt entsprechend verhältnismäßig gleichmäßig an der allgemeinen Chloreinbuße. Diese Annahme findet eine Stütze an den im Schrifttum vorliegenden Organbestimmungen nach Dechlorurationstod. Der Haut kam zur Regulierung des Salzmangelzustandes keine funktionelle Sonderstellung vor anderen Geweben zu.

15. Mit Wiederherstellung des Kochsalzgleichgewichtes, also nach vollendeter Chlorspeicherung im Körper wurden Hautchlorwerte zwischen 193 und 285 mg-% Chlor ermittelt. Die Steigerung der Hautchlorwerte zeigte keine unmittelbare Beziehung zu dem Maß der allgemeinen Chlorretention. Die Haut nahm schätzungsweise 13—33% des überschüssig gesteigerten Chlors auf. Die weit überwiegende Menge des retinierten Chlors wurde im restlichen Körper abgelagert. Dabei hatte das Blut an dem Speicherungsvorgang keinen Anteil. Bei dem Typus der Chlorretention nach erschöpfender Chlorverarmung wird somit die normale Depotfunktion der Haut nicht wirksam. Der Restkörper nimmt an der Chlorbindung dafür in größerem Umfang teil. Die Ergebnisse unserer Organanalysen entsprechen diesen Feststellungen.

16. Die Chlorverarmung führte in keinem Falle zu einer Minderung des relativen Wasserbestandes der Haut. Mehrfach wurde eine bemerkenswerte Steigerung des Hautwassers festgestellt. Nach vollendeter Chlorspeicherung lag der Wassergehalt der Haut stets nahe bei dem zu Versuchsbeginn ermittelten Normalwert. Der Wassergehalt der untersuchten inneren Organe fand sich in jedem Falle durchaus im Bereich der Norm. Die Chlorspeicherung muß demnach ohne nennenswerte Wasserbindung erfolgt sein. Aus diesem Befund in Verbindung mit dem Gewichtsverhalten der Versuchstiere während der Kochsalzbehandlung ergibt sich, daß es sich bei der beschriebenen Chlorspeicherung um eine trockene Chlorretention in strenger Fassung handelt.

17. Nach Einstellung auf chlorverarmte Standardkost fanden wir im Kammerwasser Chlorwerte zwischen 389 und 444 mg-% Cl. Sie lagen meist unerheblich über den Plasmachlorwerten, höchstens bis 12%. Bei der Dechloration fiel der Chlorgehalt des Kammerwassers stark ab. Die Chlorwerte der Augenkammerflüssigkeit senkten sich weniger tief als der Plasmachlorspiegel. Im Endstadium der Chlorverarmung lagen die Kammerwasserchlorwerte zwischen 185 und 256 mg-% Cl. Bei der Rechlorurierung stieg der Chlorgehalt des Humor aqueus flacher an als das Plasmachlor. Nach Wiederherstellung des Kochsalzgleichgewichtes war der Kammerwasserchlorbestand trotz erheblicher allgemeiner Chlorspeicherung im Körper niemals übernormal. Das Kammerwasser beteiligt sich an der Chlorspeicherung ebensowenig wie das Blut. Die

Untersuchung des Kammerwasserchlors unterrichtet über den Zustand der Chlorfüllung der Gewebe nicht besser als die Blutuntersuchung.

18. Für Hund 2 und 3 liegen vergleichende Liquoruntersuchungen vor. Die Chlorwerte der Rückenmarksflüssigkeit und des Kammerwassers lagen stets eng beieinander. Trotz beträchtlicher Chlorretention im Körper war in beiden Fällen der Liquorchlorspiegel bei Versuchsende tief unternormal. Die Liquoruntersuchung war unbrauchbar zur Feststellung einer Gewebschlorspeicherung.

19. Auf Grund der experimentellen Ergebnisse dieser Arbeit und gestützt auf die Angaben des Schrifttums wird die Entstehungsweise und die Bedeutung der trockenen Chlorretention erörtert. Die Beziehungen dieses Vorganges zu klinischen Problemen, insbesondere zu Fragen der Kochsalzbehandlung werden besprochen.

Schrifttum.

Achard: C. r. Soc. Biol. Paris **1912**, 709. — Bull. Soc. méd. Hôp. Paris **1930**, 17, 623. — *Achard* et *Loeper:* C. r. Soc. Biol. Paris **53**, 346 (1901). — *Ambard:* Arch. Mal. Reins 2, 330 (1925). — Bull. Soc. méd. Hôp. Paris **1927**, 75. — *Ambard, Stahl* et *Kuhlmann:* Arch. Mal. Reins 7, 465 (1933); 8, 3 (1934). — C. r. Soc. Biol. Paris **112**, 816 (1933). — Ann. Méd. **38**, 46 (1935). — *Arnovlyevitch:* C. r. Soc. Biol. Paris **94**, 1374 (1926). — *Aubertin* et *Patey:* Bull. Soc. méd. Hôp. Paris **1935**, 233. — *Beale:* Lancet **1852**. — *Behrens:* Arch. f. exper. Path. **103**, 39 (1924). — *Belli:* Z. Biol. **45**, 182 (1927). — *Bernard* et *Gaucher:* Bull. Soc. méd. Hôp. Paris **1930**, 16. — *Bigger:* South. med. J. **19**, 302 (1926). — *Blum:* Bull. Soc. méd. Hôp. Paris **1928**, 1731. — *Blum, Aubel* et *Hausknecht:* C. r. Soc. Biol. Paris **85**, 498 (1921). — *Blum, v. Caulaert* et *Grabar:* Bull. Soc. méd. Hôp. Paris 44, 1624 (1928); 45, 251 (1929). — Gaz. Hôp. **101**, 1689 (1928). — Ann. Méd. **25**, 23, 34 (1929). — Presse méd. **36**, 411 (1928). — *Blum* et *Graber:* C. r. Soc. Biol. Paris **98**, 527 (1928). — *Blum* et *Weil:* Bull. Soc. méd. Hôp. Paris **1928**, 1620. — *Bohne:* Fortschr. Med. **1897**, 121. — *Branche:* Étude sur le Chlorure de Sodium. Lyon 1885. — *Brown, Eustermann, Hartmann* and *Rowntree:* Arch. int. Med. **32**, 425 (1923). — *Calabresi:* Jber. Tierchem. **35** (1905). Zit nach *Glass.* — *Cameron* and *McMillan:* Canad. med. Assoc. J. **14**, 679 (1924). — *Cameron* and *Walton:* Trans. roy. Soc. Canada, sect. V **22** (1928). — *Chabanier* et *Lobo-Onell:* Hypochlorémie et accidents postopératoirs. Paris: Masson & Cie. 1934. — *Chabanier, Lieutaud* et *Lelu:* Presse méd. **1934**, 844. — *Chabanier, Lobo-Onell, Marchant* et *Donoso-Barthet:* Bull. Soc. franç. Urol. **1932**, 311. — *Christensen* u. *Holst:* Z. klin. Med. **111**, 88 (1929). — *Crandall* and *Anderson:* Amer. J. Dig., Dis. Nutrit. 1, 126 (1934). — *Custor:* Arch. f. (Anat. u.) Physiol. **1873**, 478. — *Davidson:* Arch. Surg. **13**, 262 (1926). — *Diaz* et *de Sonza:* Rev. sudamer. Méd., Paris **1930**, 331. — *Dixon:* J. amer. med. Assoc. 82, 1494 (1924). — *Dogliotti* et *Mairano:* Lyon chir. **26**, No 2 (1930). — Ann. ital. Chir. **9**, Nr 4 (1930). *Dragstedt* and *Ellis:* Amer. J. Physiol. **93**, 407 (1935). — *Engel:* Klin. Wschr. **1937** I, 775. — *Falk:* Virchows Arch. **56**, 11. — *Farkas, v.:* Z. klin. Med. **126**, 373 (1934). — Ther. Gegenw. **1934**, 484. — *Finkelstein* et *Merson:* Rev. franç. Pédiatr. **10**, 204 (1934). — *Friedemann* u. *Fraenkel:* Verh. dtsch. Ges. inn. Med. **1921**, 400. — *Gala:* Zit. nach Zbl. Augenheilk. **13**, 140 (1925). — *Gaederts* u. *Wittgenstein:* Klin. Wschr. **1928** I, 63. — Graefes Arch. **118**, 738 (1927). — *Glass:* Z. exper. Med. **82**, 776 (1932).

Glatzel: Med. Welt **1936**, 1389. — Klin. Wschr. **1936** I, 555. — Z. exper. Med. **99**, 236, 258 (1936). — Erg. inn. Med. **53**, 1 (1937). — *Gollwitzer-Meier:* Z. exper. Med. **40**, 83 (1924). — *Gosset. Binet* et *Petit-Dutaillis:* Presse méd. **1930**, 249. — *Groß:* Inaug.-Diss. Freiburg 1905. — *Grüner* u. *Schick:* Z. klin. Med. **67**, 352 (1909). — *Haden:* Amer. J. med. Sci. **174**, 744 (1927). — J. Labor. a. clin. Med. **10**, Nr 5 (1925). — *Haden* and *Orr:* J. of exper. Med. **44**, 435, 795 (1926); **45**, 433 (1927); **48**, 591, 627 (1928). — *Harrison, Darrow* and *Yannet:* J. of biol. Chem. **113**, 515 (1936). — *Hartmann* and *Elman:* J. of exper. Med. **50**, 387 (1929). — *Hastings, Murray* and *Murray:* J. of biol. Chem. **54**, 223 (1921). — *Herrmannsdorfer:* Z. Tbk. **56**, 257; **57**, 40; **59**, 97 (1930); **60**, 177 (1931). — *Hösslin, v.:* Dtsch. Arch. klin. Med. **93**, 404 (1928); **103**, 271 (1911). — Experimentelle Untersuchungen zur Physiologie und Pathologie des Kochsalzes. München 1909. — *Hoff:* Dtsch. med. Wschr. **1932** II, 1869. — *Javal:* C. r. Soc. Biol. Paris **55**, 927 (1903). — *Joslin:* Treatment of diabetes mellitus. Philadelphia and New York 1917. — *Kalapos:* Klin. Wschr. **1933** I, 751. — *Katsch:* Handbuch der inneren Medizin, Bd. III. Berlin 1926. — *Katsch* u. *Mellinghoff:* Z. klin. Med. **123**, 390 (1933). — *Kaunitz:* Erg. inn. Med. **51**, 240 (1936). — *Kerpel-Fronius:* Z. exper. Med. **85**, 235 (1932). Erg. inn. Med. **51**, 623 (1936). — *Klingner:* Z. exper. Med. **92**, 129 (1933). — *Klinke:* Der Mineralstoffwechsel. Leipzig 1931. — *Klodt:* Med. Klin. **1937** I, 925. *Koch:* Jb. Kinderheilk. **98**, 276 (1922). — *Koranyi, v.:* Z. exper. Med. **96**, 116 (1935). *Kramer:* Arch. f. Hyg. **10**, 231 (1890). — *Krynski* u. *Schulutko:* Wien. klin. Wschr. **1935** I, 1065. — *Lasch* u. *Roller:* Arch. f. exper. Path. **179**, 459 (1935). — *Laudat:* C. r. Soc. Biol. Paris **100**, 33 (1929). — *Lavietes, Bourdillon* and *Klinghoffer:* J. clin. Invest. **15**, 261 (1936). — *Lavietes, D'Esopo* and *Harrison:* J. clin. Invest. **14**, 251 (1935). — *Legueu* et *Fay:* C. r. Acad. Med. Paris 27. 6. 1933. — *Legueu, Fay, Palazzoli* et *Lebert:* Bull. Soc. méd. Hôp. Paris **1933**, 109, 879. — *Lemierre, Thurel* et *Rudolf:* Bull. Soc. med. Hôp. Paris **1929**, 956. — *Leva:* Med. Klin. **1931** II, 1457. — Z. klin. Med. **82**, 10 (1916). — *Lim* and *Ni:* Amer. J. Physiol. **75**, 475 (1926). — *Longcope, Rackeman* and *Peters:* Arch. int. Med. **18**, 496 (1916). — *Mach:* Rev. méd. Suisse rom. **54**, 829 (1934). — *Mach* et *Sciclounoff:* J. de Chir. **48**, 342 (1936). — Presse méd. **1936**, 425. — *McLean:* Arch. of exper. Med. **27**, 212. — *McQuarrie* and *Whipple:* J. of exper. Med. **29**, 397, 421 (1919). — *Mellinghoff:* Dtsch. med. Wschr. **1934** II, 1127. — Arch. Verdgskrkh. **60**, 1 (1936). — *Mellinghoff* u. *Frigge:* Z. klin. Med. **136**, 51 (1939). — *Merklen* et *Gounelle:* Rev. méd. Suisse rom. **51**, 357 (1937). — *Meyer:* Klin. Wschr. **1931** I, 155; **1932** II, 1383. — *Meyer-Bisch:* Erg. inn. Med. **32**, 267 (1927). — Handbuch der normalen und pathologischen Physiologie, Bd. 16/2, II/2. Berlin 1931. — Z. exper. Med. **54**, 131, 145 (1927). — Biochem. Z. **135**, 308 (1923); **152**, 286 (1924). — Z. klin. Med. **103**, 260 (1926). — *Meyer-Gottlieb:* Lehrbuch der Pharmakologie. Wien u. Berlin: Urban & Schwarzenberg 1922. — *Michalowski* u. *Vogelfanger:* Z. exper. Med. **100**, 78 (1936). — *Michelsen:* Arch. f. exper. Path. **173**, 750 (1933). — *Monakow, v.:* Dtsch. Arch. klin. Med. **122**, 241 (1917). — *Moraczewski, v.:* Virchows Arch. **155**, 11 (1899). — *Morawitz* u. *Schloß:* Klin. Wschr. **1932** II, 1628. — *Münzer:* Arch. f. exper. Path. **41**, 74 (1898). — *Nencki* u. *Schoumow-Simanowski:* Arch. f. exper. Path. **34**, 313 (1894). — *Ni:* Amer. J. Physiol. **78**, 158 (1926). — *Nonnenbruch:* Dtsch. Arch. klin. Med. **110**, 170 (1912). — Med. Welt **1934**, 1539. — *Noorden, v.:* Alte und neuzeitliche Ernährungsfragen. Berlin 1931. — *Padtberg:* Arch. f. exper. Path. **63**, 60 (1910). — *Paul* u. *v. Vegh:* Klin. Wschr. **1935** I, 503. — *Penrose:* Bull. Hopkins-Hosp. **10**, 127 (1899). — *Perez-Castro:* Dtsch. Med. Wschr. **1937** I, 743. — *Poczka* u. *Steigerwaldt:* Z. exper. Med. **96**, 20 (1935). — *Porges:* Klin. Wschr. **1932** I, 186; **1934** I 358. — *Pugliese* u. *Coggi:* Jbr. Tierchem. **24**, (1894); **26** (1896). Zit nach *Glass.* — *Ranke:* Tetanus II, 2. Zit. nach *Wahlgren.* — *Rapinesi:* Policlinico **33**, 354 (1926). — *Rathery:* Les régimes chlorurés et déchlorurés. Paris: Baillière & Fils 1932. — *Redtenbacher:* Z. Ges. Ärzte Wien **1850**, 353. — *Ribadeau-Dumas,*

Mathieu, Lévy et *Fleury:* Bull. Soc. méd. Hôp. Paris **1930**, 991. — *Robineau:* C. r. Soc. nat. Chir. Paris **22**. 3. 1933. — *Robineau* et *Lévy:* Presse méd. **1933**, 1565. — Bull. Soc. franç. Urol. **20**. 2. 1933. — *Röhmann:* Z. klin. Med. **1**, 513 (1880). — *Rössle:* Berl. klin. Wschr. **1907 II**, 1165. — *Romeo:* Biochimica e Ter. sper. **23**, 187 (1936). *Rosemann:* Pflügers Arch. **118**, 467 (1907); **135**, 181 (1910); **142**, 208 (1911); **190**, 1 (1921). — Virchows Arch. **229**, 67 (1920). — *Rudolf:* L'Hypochlorémie. Paris: Doin & Cie. 1931. — *Salkowski:* Virchows Arch. **53**, 209 (1871). — *Sauerbruch, Herrmannsdorfer* u. *Gerson:* Münch. med. Wschr. **1926 I**, 47. — *Schlagintweit* u. *Sielmann:* Klin. Wschr. **1922 II**, 2136. — *Scholz:* Dtsch. med. Wschr. **1930 II**, 1555. — *Schwenkenbecher* u. *Spitta:* Arch. f. exper. Path. **26**, 284 (1907). — *Sieburg:* Zit. nach *Küpper*, Erg. Physiol. **30**, 194 (1930). — *Silio:* Tesis doctoral. Madrid **1935**, zit. nach *Perez-Castro.* — *Snapper:* Dtsch. Arch. klin. Med. **111**, 429 (1913). *Steinitz:* Z. klin. Med. **107**, 560 (1928). — *Straub* u. *Gollwitzer-Meier:* Dtsch. med. Wschr. **1925 I**, 642. — *Straub, H.:* Lehrbuch der inneren Medizin, Bd. II. Berlin 1934. — *Straub, W.:* Z. Biol. **37**, 527 (1899). — *Sunderman:* J. clin. Invest. **7**, 313 (1929). *Sunderman, Austin* u. *Camack:* J. clin. Invest. **6**, 37 (1928). — Tabul. biol. **3**, 365 (1926). — *Takata:* Tohoku J. exper. Med. **1**, 354 (1920). — *Tron:* Graefes Arch. **118**, 713 (1927). — *Trosianz:* Z. Biol. **55**, 241. — *Tschopp:* Biochem. Z. **203**, 267 (1928). — *Tuteur:* Inaug.-Diss. Marburg 1910. — *Underhill, Fisk* and *Kapsinow:* Amer. J. Physiol. **95**, 334 (1930). — *Urbach:* Wien. klin. Wschr. **1928 I**. — Arch. f. Dermat. **156**, 73 (1928). — Münch. med. Wschr. **1931 I**, 89. — Klin. Wschr. **1937 I**, 452. — *Urbach* u. *Fantl:* Biochem. Z. **196**, 471 (1928). — *Veil:* Biol. Z. **91**, 301 (1918). — *Vollhard:* Handbuch der inneren Medizin, Bd. VI. Berlin 1931. — *Wahlgren:* Arch. f. exper. Path. **61**, 97 (1909). — *Weltmann* u. *Tschilow:* Münch. med. Wschr. **1931 II**, 1827. — *Wendt, v.:* Der Mineralstoffwechsel in *Oppenheimers* Handbuch der Biochemie, Bd. VIII, S. 222. Jena 1925. — *White* u. *Bridge:* Boston med. J. **196**, 893 (1927). — *Widal* et *Lemierre:* Bull. Soc. méd. Hôp. Paris **1903**, 785. — *Winter:* Z. exper. Med. **94**, 663 (1934). — Klin. Wschr. **1934 II**, 1454. — *Wittgenstein* u. *Krebs:* Z. exper. Med. **49**, 553 (1926).